Albrecht Beutelspacher

Luftschlösser und Hirngespinste

Ich behandle das Kleine mit derselben Liebe wie das Große, weil ich den Unterschied zwischen klein und groß nicht recht gelten lasse.

Theodor Fontane in einem Brief
vom 8. August 1883 an seine Frau

Albrecht Beutelspacher

Luftschlösser und Hirngespinste

Bekannte und unbekannte Schätze
der Mathematik, ans Licht befördert
und mit neuem Glanz versehen

Friedr. Vieweg & Sohn Braunschweig / Wiesbaden

CIP-Kurztitelaufnahme der Deutschen Bibliothek

Beutelspacher, Albrecht:
Luftschlösser und Hirngespinste: bekannte u. unbekannte Schätze d. Mathematik, ans Licht befördert u. mit neuem Glanz vers. / Albrecht Beutelspacher. – Braunschweig; Wiesbaden: Vieweg, 1986.

Professor Dr. *Albrecht Beutelspacher*
Fachbereich Mathematik der Universität Mainz
Siemens AG, München

1986

Umschlaggestaltung: F. Balke, Mainz
Satz: Vieweg, Braunschweig

ISBN-13: 978-3-528-08957-3 e-ISBN-13: 978-3-322-87600-3
DOI: 10.1007/978-3-322-87600-3

Vorwort

„Kann man beweisen, daß zwei mal zwei vier ist?“, „Gibt es in der Mathematik überhaupt noch etwas zu beweisen?“, „Was macht ein Mathematiker eigentlich den ganzen Tag?“, ...

Mit solchen Fragen werde ich häufig konfrontiert, wenn im ‚täglichen Leben‘ die Sprache auf die Mathematik kommt. Sie verraten, daß das Bild in der Öffentlichkeit weit vom Selbstverständnis der Mathematik abweicht. Dies liegt vermutlich daran, daß die Mathematik diejenige Wissenschaft ist, die ihr Licht am meisten unter den Scheffel stellt – oder, ein bißchen bösartig formuliert, die das Licht der Öffentlichkeit am meisten scheut.

Nun lassen sich natürlich bequeme Gründe dafür finden, daß es besonders schwierig ist, Mathematik zu vermitteln, schwieriger als beispielsweise Physik oder Theologie. Dementsprechend groß ist dann die Versuchung, sich mit dieser Beobachtung zufrieden zu geben – und gar nichts zu tun. Das ist aber des Schlechten zuviel!

*

In den letzten Jahrzehnten konnte sich, insbesondere aufgrund von Schulerfahrungen, der Eindruck breit machen, Mathematik beschränke sich auf stumpfsinniges Ausixen von Gleichungen und langweiliges Auswendiglernen formaler Gesetze. Aber das Gegenteil ist wahr: Mathematik lebt von Phantasie, Spaß am Problemlösen, Knobeln und Freude an schönen Lösungen.

Um diese These zu belegen, möchte ich Ihnen, liebe Leserin, lieber Leser, in diesem Büchlein einige Beispiele vorstellen, und lade Sie ein, attraktive Probleme aus Kombinatorik, Geometrie, Codierungstheorie und Zahlentheorie kennenzulernen. Die folgende Auswahl aus den Themen zeigt Ihnen die Spannweite des behandelten Stoffs:

- Wie verliere ich im Toto möglichst wenig?
- Wie komme ich aus einem Labyrinth wieder heraus?
- Wie ist der „Strichcode" auf den Lebensmittelpackungen aufgebaut?

Zur Lektüre brauchen Sie keine speziellen Vorkenntnisse zu haben, eine ganz normale Schulbildung reicht. Insbesondere werden so gefürchtete Begriffe wie ‚Wurzelziehen', ‚Differenzieren', ‚Integrieren' u. ä. (abgesehen von dieser Stelle) nirgends vorkommen. Der Stoff ist so organisiert, daß zu Beginn die leichteren Fragen behandelt werden, während gegen Ende Probleme studiert werden, zu deren Lösung man einen etwas längeren Atem braucht. Trotzdem sind sämtliche Abschnitte auch für interessierte Schüler gut geeignet. (Dies ist jedenfalls meine Hoffnung!)

*

Eines muß man allerdings sagen: Man kann Mathematik nicht verstehen, wenn man nur etwas über Mathematik erzählt bekommt. Erst wenn man sich selbst intensiv mit der Sache beschäftigt, bekommt man das richtige Gefühl dafür. (Das ist in allen Künsten*) so: In der Musik, in der Kochkunst, in der Liebe, etc.) Aus diesem Grunde habe ich solche Probleme ausgewählt, bei denen man ohne spezielle Vorkenntnisse die Problemstellung und (das ist das Entscheidende!) auch die Lösung verstehen kann.

Ein Tip zur Lektüre: Bedenken Sie, daß man sich auch an seiner Lieblingsspeise den Magen verderben kann. Mit anderen Worten: Schlingen Sie nicht alles auf ein Mal hinunter. Wenn Sie an einem Kapitel Spaß und Freude haben, so freuen Sie sich daran – und

---

*) und die Mathematik ist eine Kunst!

führen Sie sich das nächste Problem erst bei nächster Gelegenheit zu Gemüte.

Noch eins: Oft versucht man, die Beschäftigung mit Mathematik dadurch zu rechtfertigen, daß man auf ihre Anwendungen verweist. Das ist in einzelnen Fällen sicher zutreffend. Aber Sie werden merken: Wenn Sie einmal angefangen haben, Mathematik zu treiben, wenn Sie sich erst einmal an einem Problem festgebissen haben, dann ist für Sie die Frage, ob es Anwendungen gibt oder nicht, völlig belanglos. Diese Art von Mathematik ist also "l'art pour l'art", sie ist ‚nur' ein Gedankenspiel, sie spielt sich im Kopf ab.

In der Tat, wir Mathematiker beschäftigen uns (um wenigstens eine der Eingangsfragen zu beantworten) den ganzen Tag mit Luftschlössern und Hirngespinsten. Aber – daß auch solche Probleme manch überraschende Anwendung haben (Sie werden in diesem Buch einige Beispiele dafür finden), steht damit natürlich nicht im Widerspruch!

*

Ohne die Ermutigung vieler Freunde hätte ich nicht gewagt, dieses Buch zu schreiben; ihnen allen gilt mein Dank. Ganz besonders danke ich aber meinen Mitstreitern Inge, Klaus, Michael, Michael und Peter für ihre unbegrenzte Gesprächs-, Lese- und Kritikbereitschaft.

München, im Mai 1986 *Albrecht Beutelspacher*

Inhaltsverzeichnis

1
Wie findet man aus einem Labyrinth wieder heraus? oder Mathematik ersetzt den Ariadnefaden

Irrgärten und Labyrinthe haben von jeher die Menschen fasziniert. Die ältesten Labyrinthdarstellungen sind etwa 6 000 Jahre alt. Berühmt ist die Sage von Theseus, der den in einem Labyrinth hausenden Minotaurus töten sollte. Zur Sicherung des Rückwegs gab ihm Ariadne eine Rolle Garn mit; an dem ausgelegten Faden sich orientierend war es für Theseus dann kein Problem mehr, wieder aus dem Labyrinth herauszukommen. Die folgende Abbildung dieser Geschichte wurde in Pompeji entdeckt. (Aus diesem einfachen

Bild 1-1

Labyrinth hätte Theseus übrigens auch ohne Ariadnefaden wieder herausgefunden.)*

Es gibt viele Irrgärten- und Labyrinthdarstellungen, die vermutlich (die Experten sind sich unschlüssig) kultischen Zwecken gedient haben. Eine überzeugende Erklärung steht noch aus. Viele Labyrinthe sind auf Grabsteinen angebracht; man deutet den Irrgarten als Übergang in die Unterwelt. Der Tote muß solange herumirren, bis er alle ,unreinen' Attribute abgelegt hat.

Wie dem auch sei – die Notwendigkeit, aus einem Labyrinth wieder herauszukommen, ist sicherlich unbestritten.

*

Oft wird das Labyrinthproblem folgendermaßen gestellt. Man steht zunächst außen, möchte zwar hinein, aber auch garantiert wieder herauskommen. Dafür gibt es einen bekannten Trick, die **Rechte-Hand-Regel**:

Man lege beim Eintritt seine rechte Hand an die Eingangstür und gehe dann so, daß die rechte Hand **stets** eine Wand berührt. Dann wird man bestimmt wieder herauskommen. Allerdings wird man im allgemeinen nicht an jede Stelle des Labyrinths gelangen; Theseus hätte also, wenn er dieser Regel gefolgt wäre, den Minotaurus nicht unbedingt erwischt.

Dieses Problem wollen wir hier auch **nicht** behandeln. Wir stellen uns vielmehr vor, daß ein Eindringling (nennen wir ihn ruhig Theseus) zunächst ganz leichtsinnig in das Labyrinth eingedrungen ist – und sich dann plötzlich nicht mehr zurecht findet. Das Problem ist also, von einem x-beliebigen Punkt des Labyrinths wieder zum Ausgang zurückzufinden. Man macht sich leicht klar, daß einem die Rechte-Hand-Regel dabei nichts nützt. Im Gegenteil, es ist leicht möglich, auf ewig im Kreis zu gehen (siehe Bild 1-2).

---

* Bild 1-1 aus Janet Bord, Irrgärten und Labyrinthe, S. 30

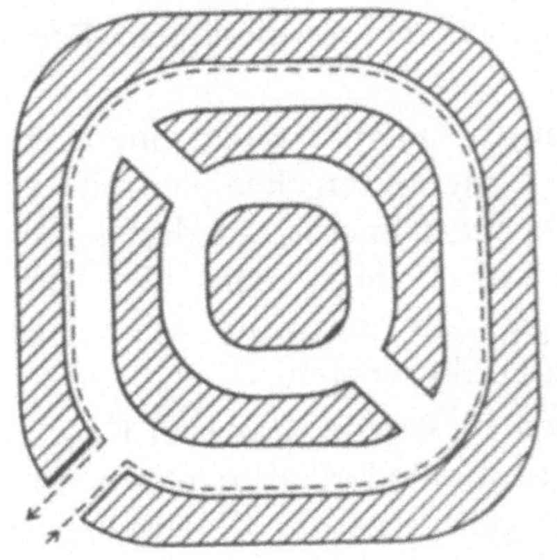

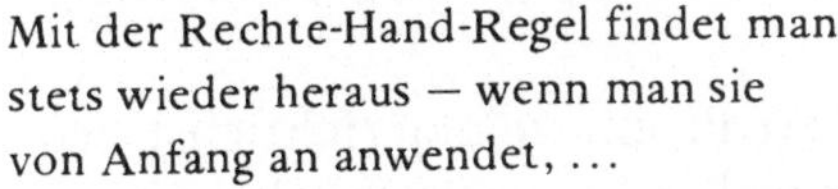

Mit der Rechte-Hand-Regel findet man stets wieder heraus – wenn man sie von Anfang an anwendet, ...

... man kann aber ewig im Kreis herum irren, wenn man zu spät daran denkt, sie zu benutzen.

Bild 1-2

Wenn wir dieses Problem lösen wollen, dann dürfen wir natürlich nur die Information über das Labyrinth verwenden, die unser verirrter Theseus hat – nämlich keine. Theseus soll aus dem Labyrinth herausfinden mit Hilfe von Informationen, die er sich im Laufe der Zeit selbst erarbeitet.

*

Der mathematische Ariadnefaden, mit dem Theseus einen Ausweg aus dem Labyrinth findet, sieht so aus: Theseus beginnt, wo er ist, an einer Kreuzung, die wir K_1 nennen. Betritt er einen Gang, so bringt er am **Anfang** dieses Ganges **zwei Punkte** an, am **Ende** aber nur **einen Punkt** – mit einer (allerdings wichtigen!) Ausnahme: Betritt Theseus eine Kreuzung zum ersten Mal (dies erkennt man daran, daß an den angrenzenden Gängen keine Zeichen zu sehen sind), so macht er an das Ende dieses Ganges keinen Punkt, sondern einen **Querstrich**. Der Gang, auf dem er diese neue Kreuzung betritt, heißt ein **Eintrittsgang.**

Die **Regel** für Theseus heißt nun einfach so: Wenn du an eine Kreuzung kommst, darfst du auf jedem Gang weitergehen, der mit keinem oder mit nur einem Punkt gekennzeichnet ist; du darfst auch den Gang benützen, der einen Querstrich trägt – **aber nur dann, wenn es keine andere Möglichkeit gibt** (also nur dann, wenn jeder andere Gang schon mindestens zwei Punkte trägt).

Die **Prophezeiung** lautet: Suche deinen Weg nach diesen Regeln. Dann wirst du an jede Kreuzung (insbesondere also an den Ausgang) kommen. Wenn du so lange gehst, bis dir die Regel kein Weitergehen ermöglicht, hast du jeden Gang in jeder Richtung genau einmal durchschritten!

Bevor wir uns klar machen, daß diese Prophezeiung richtig ist, wollen wir die Wirkungsweise dieser Regel an einem Beispiel verfolgen. Theseus soll hierbei nicht nur so lange gehen, bis er wieder am Eingang ist, sondern so lange, bis er nicht mehr weiter kann, wenn er die Regel befolgt (man sagt auch: „bis der Algorithmus abbricht"). Wir bezeichnen die Kreuzungen, die Theseus der Reihe nach betritt, mit K_1, K_2, ... (Wird eine Kreuzung mehrere Male betreten, so werden ihr also mehrere Nummern zugeordnet.)

An Bild 1-3 sehen wir: es funktioniert! Damit kann man sich aber nicht zufrieden geben; denn in Wirklichkeit kann man ja die Regel nicht ausprobieren, sondern man muß vorher überzeugt sein, daß man mit Hilfe der Regel wieder aus dem Labyrinth herauskommt. Mit anderen Worten: Wir wollen einen **Beweis** der Prophezeiung haben.

Dazu stellen wir uns vor, daß Theseus (wie in unserem Beispiel) so lange durchs Labyrinth geht, bis ihm die Regel kein Weiterkommen gestattet. Seien K_1, K_2, ..., K_n die Kreuzungen, die er der Reihe nach betreten hat.

Von vornherein ist völlig klar, daß Theseus keinen Gang zweimal in derselben Richtung durchwandert hat; denn er darf ja in keinen Gang eintreten, an dessen Beginn er zwei Punkte sieht.

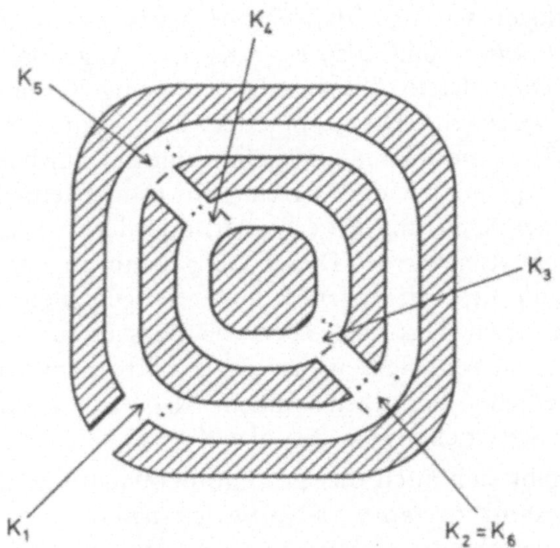

Die ersten Schritte sind noch ziemlich willkürlich, ...

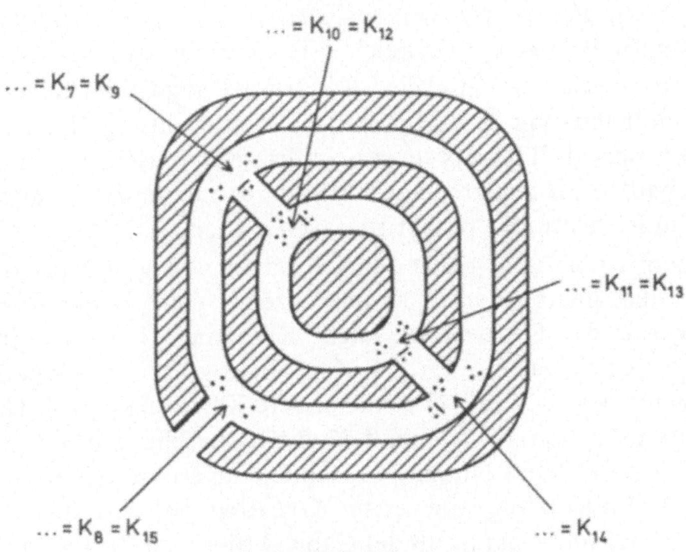

... aber dann ist man festgelegt.

Bild 1-3

Nun überlegen wir uns, daß *der Algorithmus nur am Startpunkt abbrechen kann*, daß also $K_n = K_1$ ist: Angenommen, es wäre $K_n \neq K_1$. Dann hätte Theseus die Kreuzung K_n einmal mehr betreten als verlassen. (Denn bei jedem Durchgang durch K_n betritt und verläßt er diese Kreuzung genau einmal - nur beim letzten Mal verläßt er K_n nicht wieder.) Dann gibt es aber einen Gang G, der K_n mit einer Kreuzung K verbindet, und der in Richtung K noch nicht beschritten wurde. Dieser Gang kann an der Kreuzung K_n also folgende Zeichen tragen: keinen oder genau einen Punkt, oder einen Querstrich. Das heißt aber, daß Theseus auf dieser Kreuzung nicht hätte stehen bleiben dürfen, er hätte nämlich den Gang G zum Weitergehen benutzen können. Also kann der Algorithmus in K_n nicht abgebrochen sein. Es folgt $K_n = K_1$.

Daraus ergibt sich auch die wichtige Beobachtung, daß *jede Kreuzung ebensooft betreten wie verlassen wurde*. (Für jede von K_1 und K_n verschiedene Kreuzung ist das ohnedies klar; wegen $K_n = K_1$ gilt dies nun auch für die letzte Kreuzung.)

Im folgenden, entscheidenden Teil überlegen wir uns, daß *Theseus jeden Gang, der an die Kreuzungen* $K_1, K_2, \ldots, K_n$ *anstößt, zweimal durchschritten hat* (nämlich in jeder Richtung einmal).

Betrachten wir dazu zunächst K_1. Jeder Gang G, der K_1 mit einer anderen Kreuzung K verbindet, muß in Richtung K beschritten worden sein, da Theseus sonst noch hätte weiterlaufen können. Da K_1 genau so oft betreten wie verlassen wurde, muß also auch jeder Gang in Richtung K_1 beschritten worden sein.

Nehmen wir nun an, daß es eine Kreuzung K_r gibt mit der Eigenschaft, daß nicht jeder an K_r angrenzende Gang zweimal beschritten wurde. Sei K_r die **erste** solche Kreuzung. (D.h.: die fragliche Eigenschaft ist für $K_1, K_2, \ldots, K_{r-1}$ richtig.) Sei ferner G der Eintrittsgang von K_r, und sei K die andere Kreuzung von G. Da G der Eintrittsgang von K_r ist, muß K **vor** K_r beschritten worden sein. Daher muß K eine Nummer s haben, die kleiner als r ist. Da K_r nach Voraussetzung die erste Kreuzung ist, die die fragliche Eigenschaft nicht hat, muß der Gang G (der ja an $K = K_s$ angrenzt) schon zweimal beschritten worden sein.

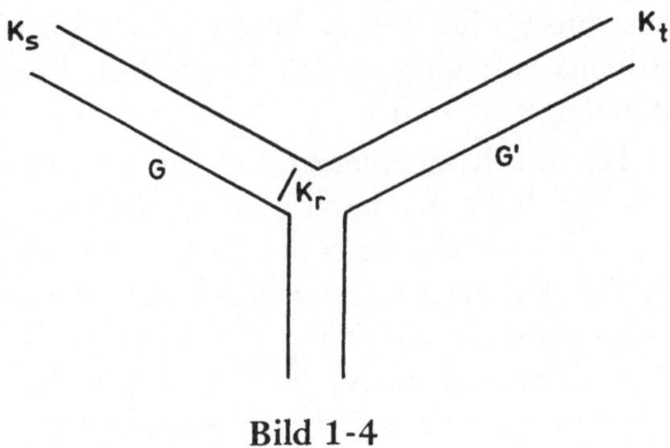

Bild 1-4

Nach unserer Annahme hat Theseus nicht jeden Gang, der an K_r angrenzt, zweimal beschritten. Da nun K_r ebensooft betreten wie verlassen wurde, gibt es einen Gang G', der K_r mit einer Kreuzung K_t verbindet, und der **in Richtung auf** K_t noch nicht durchschritten wurde.

Wann hat dann aber Theseus den Eintrittsgang G in Richtung K_s durchquert? Als Theseus zum letzten Mal an K_r war, hätte er statt des Eintrittsgangs G (der ja nur dann benutzt werden darf, wenn es überhaupt nicht anders geht!) den Gang G' benutzen können – und also müssen!

Wie das? Der kluge Theseus kann doch keinen Fehler gemacht haben?! Das bedeutet, daß die Situation, die wir angenommen haben, gar nicht vorkommen kann. Mit anderen Worten: Theseus hat jeden Gang, der an eine der Kreuzungen K_1, K_2, ..., K_n angrenzt, zweimal durchschritten.

Nun können wir uns auch die eigentliche Behauptung der Prophezeiung klar machen: *Theseus hat jede Kreuzung überquert.*

Dies folgt so: Betrachte eine beliebige Kreuzung K. Wir müssen uns davon überzeugen, daß K eine der Kreuzungen K_1, K_2, ..., K_n ist. (Denn das sind genau die, die Theseus besucht hat.) Sicherlich gibt es eine Möglichkeit, von der Kreuzung K_1 zu unserer Kreuzung K zu gelangen. (Denn wir wollen nicht annehmen, daß z.B. ein Teil des Labyrinths durch eine Mauer hermetisch abgeriegelt ist, o.ä. Vornehm mathematisch ausgedrückt heißt dies: Unser Labyrinth soll „zusammenhängend" sein.)

Seien $H_1, \ldots, H_m$ die Kreuzungen, über die man von K_1 nach K kommt. (Das heißt: Nach K_1 betritt man zuerst H_1, dann $H_2, \ldots$, schließlich H_m und dann K.) Nach der obigen Bemerkung hat Theseus den Gang von K_1 nach H_1 zweimal durchschritten; insbesondere hat Theseus dann die Kreuzung H_1 überquert. Das heißt: H_1 ist auch eine der Kreuzungen $K_1, K_2, \ldots, K_n$. Daher können wir die obige Beobachtung auch auf H_1 anwenden: Der Gang von H_1 nach H_2 wurde zweimal durchschritten, also gehört auch H_2 zu den Kreuzungen $K_1, K_2, \ldots, K_n$. So geht das zwanglos weiter: Auch H_m ist von Theseus betreten worden. Damit folgt dann schließlich, daß Theseus auch den Gang von H_m nach K zweimal durchquert hat, insbesondere also irgendwann einmal die Kreuzung K betreten hat.

Also hat Theseus im Laufe seines Rundgangs jede Kreuzung betreten. Damit ist die Prophezeiung wahr!

Insgesamt haben wir uns klargemacht, daß man mit dieser simplen Regel (die übrigens von dem französischen Finanzinspekteur Gaston Tarry 1895 entdeckt wurde) aus jedem Labyrinth leicht herausfindet, ohne sich in einem Ariadnefaden zu verheddern.

2
Simsalabim und Abrakadabra oder Hinter manchem Hokuspokus steckt nur simple Mathematik

Man kann grundsätzlich zwei Sorten von Zauberkunststücken unterscheiden. Die weitaus bekannteste Art ist die Sorte von Zaubereien, bei denen Naturgesetze oder Gesetze der Logik scheinbar(!) außer Kraft gesetzt werden; man denke etwa an die schwebende Jungfrau. Es gibt aber auch solche Kunststücke, durch die der Zuschauer erst auf ein erstaunliches Gesetz der Natur oder der Mathematik hingewiesen wird. Einige wenige solcher Kunststücke sollen hier vorgeführt werden. Man könnte vermuten, daß diese Tricks vollkommen trivial und langweilig sind (insbesondere, wenn man die Erklärung kennt); meine Erfahrung zeigt aber, daß man auch mit solchen Kunststücken einen großen Effekt erzielen kann. Man beachte aber bei der Vorführung dieser Tricks die folgende Hauptregel der Zauberkunst: Führe nie dasselbe Kunststück zweimal hintereinander vor!

1. Mathematischer Beweis, daß alle Religionen gleich sind

(Aus Carlo Boscos „Zauber-Kabinett", Quedlinburg 1838, zitiert nach: A. Adrion, Die Kunst zu Zaubern, S. 193.

„Es kamen drei Männer, der eine ein Protestant, der andere ein Katholik, der dritte ein Jude, zu einem Philosophen und verlangten von ihm zu wissen, welche von den drei verschiedenen Religionen, die sie bekennten, Vorzüge vor der anderen, hinsichtlich der Moral, habe? Der Philosoph versicherte ihnen, daß vor Gott jeder, der seines Glaubens lebe, gerecht sei, und meinte, daß, wenn drei gute Kinder ihrem Vater an seinem Geburtstage jedes einen Blumenstrauß brächten, davon der eine mit rothem, der andere mit grünem, der dritte mit blauem Bande umwunden sei, es dem Vater gar nicht um das Band, sondern um die Gesinnung der Kinder zu thun sein würde. Sie meinten aber, es gäbe in der Welt gar nicht zwei Dinge, die sich ganz gleich wären, und so bezog sich der eine auf den Vorzug des Alters, der andere auf den der Allgemeinheit, der dritten auf den Geist der Zeit.

Unter solchen Umständen ergriff der Gelehrte eine Reißfeder und zeichnete ein Dreieck ab.

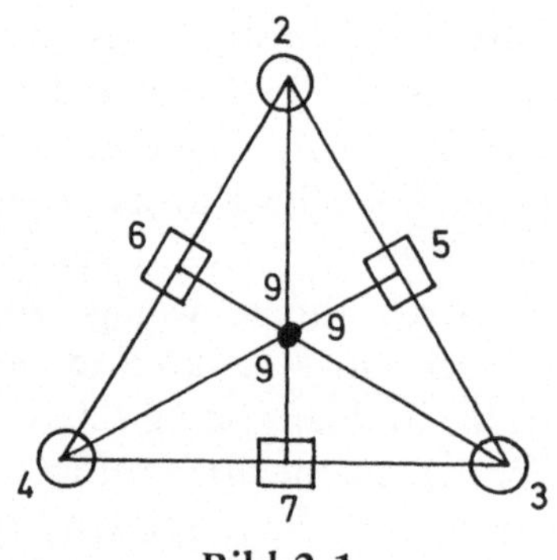

Bild 2-1

Sodann forderte er einen jeden auf, eine beliebige Zahl an eine Ecke zu stellen. So nahm der Protestant 2, der Katholik 3, der Jude 4, und jeder stellte sie hin, wie oben die Figur zeigt. Nun ließ er die Zahl quer addieren und in die Mitte setzen, zog sodann Striche so, wie oben angedeutet ist, und ließ die Zahlen den gezogenen Strichen gemäß addieren. Von allen Seiten zählte man 9. Ei, sagte er, seht Ihr, die Religionen sind sich gleich, aber die Gesinnung – läßt sich nicht berechnen. Glaube, was Du willst, wenn Du nur ehrlich bist.

Diese Rechnung trifft auch in anderen Zahlen jedesmal ein."

[*Sind x, y, z die Zahlen, die die drei Vertreter der Religionen wählten, so stehen auf den Seiten des Dreiecks die Zahlen $x + y$, $y + z$, $z + x$. Demzufolge ergibt sich als Zahl in der Mitte des Dreiecks stets $x + y + z$, ganz gleich, von welcher Seite aus man die Rechnung anfängt.*]

2. Niedere Mathematik

(Aus Alexander Adrions „Die Kunst zu Zaubern", S. 196).

„Leeren Sie Ihre Geldbörse auf den Tisch, wenden Sie sich ab. Bitten Sie einen Zuschauer, die vorhandenen Münzen beliebig in seiner rechten und linken Hand aufzuteilen, sich die Anzahl in jeder Hand genau zu merken und dann die Hände zu schließen.

Die Anzahl der rechts gehaltenen Münzen soll er mit 4, die der links gehaltenen mit 5 multiplizieren. Die Ergebnisse darf er addieren und Ihnen bekanntgeben. Im gleichen Augenblick sagen Sie ihm, wie er die Münzen zwischen seinen Händen aufgeteilt hat.

Sie brauchen nur von der genannten Summe die Zahl 36 abzuziehen. Was übrigbleibt, entspricht der Anzahl der Münzen in der linken Hand. Was in der rechten Hand ist, ergibt sich nach Adam Riese von selbst. Übrigens müssen es **immer neun** Münzen sein, die wie beiläufig auf dem Tisch liegen. Natürlich tun Sie so, als ob Sie die Anzahl der Münzen gar nicht zur Kenntnis nehmen würden. Sie haben zuvor dafür gesorgt, daß neun Münzen in Ihrer Geldbörse sind und dieses Faktum nicht weiter betont. Wenn das alles so ganz beiläufig geschieht, wirkt dieser Mathe-Trick um so stärker."

[*In der Tat: Bezeichnen wir die Anzahl der Münzen in der linken Hand mit der Unbekannten x, so wird Ihnen die Zahl*

$$4(9-x) + 5x = 36 + x$$

genannt.

Übrigens: Wie lautet die Vorschrift, wenn sich in Ihrer Geldbörse 10, 11, ..., oder n Münzen befinden?]

3. Buchstabenkreis

(Aus F. Stutz „Zaubern", S. 255–256).

„Material: Eine mit den Zahlen Eins bis Zwölf versehene Tafel, auf die der Zauberer zwölf Karten mit den Buchstaben A bis M legt. In Ermangelung einer Tafel kann man die Zahlen auch mit Kreide auf einen Tisch schreiben; statt Buchstabenkarten kann man auch Spielkarten verwenden.

Vorführung und Lösung: Der Zauberer bittet einen Zuschauer, sich eine auf dem Tisch liegende Karte nebst der dazu gehörigen Zahl zu merken. Dann soll der Zuschauer, bei der Zahl Zwölf beginnend, mit der auf die gemerkte Zahl folgenden Ziffer auf der Karte in Pfeilrichtung bis 37 weiterzählen. Die 37. Karte wird dann wieder die gemerkte Zahl sein. Hier ein Beispiel: Angenommen, der Zuschauer hat sich den Buchstaben G, also die vierte Karte gemerkt, so zählt er, bei der zwölften Karte mit Fünf beginnend, in Pfeilrichtung weiter, und er wird bei der Zahl 37 wieder auf seine Karte zurückkommen.

Der Zauberer erklärt das Kunststück damit, daß die 37 zusammengesetzt aus den Ziffern drei und sieben, eine heilige Zahl sei."

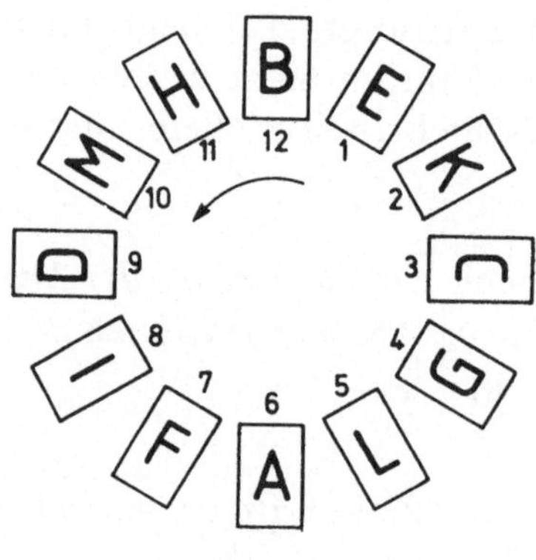

Bild 2-2

[Vielleicht ist die Erklärung des Zauberers doch nicht völlig zufriedenstellend. Nennen wir die gemerkte Zahl z. Zunächst mal: Die Vorschrift, der Zuschauer möge, bei der zwölften Karte mit z + 1 beginnend, in Pfeilrichtung weiterzählen, trägt nur zur Verwirrung bei. Genau so gut hätte er nämlich, bei der z-ten Karte mit 1 beginnend, in Pfeilrichtung zählen können. Bei welchen Zahlen landet der Zuschauer dann wieder auf seiner z-ten Karte? Ganz einfach: Bei 1 (also am Start), dann bei 13, bei 25, das nächste Mal tatsächlich bei 37, usw. – also genau bei den Zahlen, die bei Division durch 12 den Rest 1 lassen.

Frage: Kann man statt der heiligen Zahl 37 auch die heiligen Zahlen 73, 373, 37 373 737 verwenden?]

4. Das Geheimnis der Neun

(Aus Martin Gardners „Mathemagische Tricks", Vieweg, Braunschweig 1981, S. 60).

„Ein Dutzend oder mehr Münzen werden so auf den Tisch gelegt, daß sie eine Neun bilden. Während sich der Zauberer wegdreht, denkt sich jemand eine beliebige Zahl aus, die nur größer als die Anzahl der Münzen im Schwanz der Neun sein muß. Dann beginnt er am Ende des Schwanzes zu zählen, hinauf und gegen den Uhrzeigersinn, bis er seine Zahl erreicht hat. Dann beginnt er wieder von „Eins" an bei der letzten Münze, die er berührt hat, zu zählen, diesmal rund um den Kreis im Uhrzeigersinn, bis wieder die gedachte Zahl erreicht ist. Unter der Münze, bei der der Zählvorgang endet, wird ein winziges Stück Papier versteckt. Der Zauberer dreht sich wieder um und hebt sofort diese Münze auf.

Anleitung: Unabhängig von der gewählten Zahl endet der Zählvorgang immer bei der gleichen Münze. Man probiert es zuerst mit einer beliebigen Zahl aus, wobei man natürlich leise zählt, um diese Münze herauszufinden. Falls man den Trick wiederholt, braucht man am Schwanz nur einige Münzen hinzuzufügen, so daß der Zählvorgang bei einer anderen Münze endet."

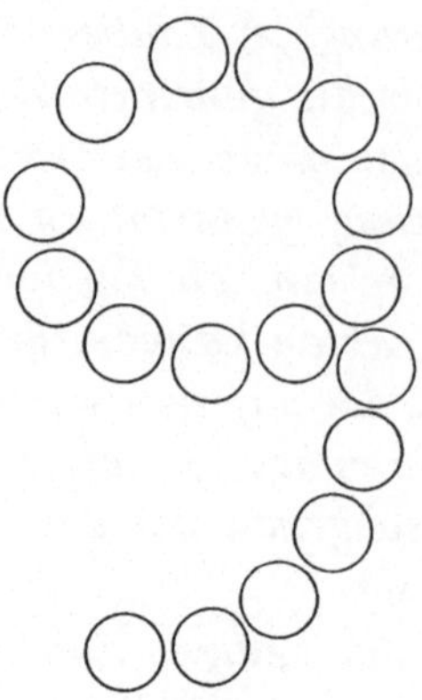

Bild 2-3

[*Der Schwanz der Neun besteht aus einer gewissen Anzahl von Münzen, sagen wir s Stück. Sei z die gedachte Zahl. Der Zuschauer zählt zunächst die s Münzen des Schwanzes, und dann noch $z-s$ Münzen des Kreises. Anschließend zählt er z Münzen zurück. Diesen zweiten Zählvorgang können wir uns wie folgt aufgeteilt denken: Zuerst zählt man $z-s$ Münzen zurück und befindet sich dann an der Stelle, an der der Schwanz in den Kreis mündet. Danach muß man noch s Zahlen zurückzählen, es ist also klar, daß man bei einer Münze landet, die von s abhängt, aber unabhängig von der Zahl z ist.*]

Zum Schluß noch ein Trick aus demselben Büchlein, den man in die Rubrik ‚psycho-mathematisch' einordnen könnte.

5. Welche Hand?

Man fordert einen Zuschauer auf, in der einen Faust einen Pfennig, in der anderen ein Fünfpfennigstück zu halten. Die Münze in seiner rechten Hand soll er mit 17 multiplizieren. Ist dies geschehen, so muß er dasselbe mit der anderen Münze machen. Er addiert die beiden Zahlen und gibt die Summe bekannt. Man überlegt einen Augenblick lang, so als würde man eine komplizierte Kopfrechnung durchführen, und sagt dem Zuschauer dann, welche Münze sich in welcher Hand befindet.

Anleitung: Die Summe, die der Zuschauer berechnet, hat mit dem Trick überhaupt nichts zu tun. Man braucht sich nur zu merken, bei welcher Hand er länger für die im Kopf durchzuführende Multiplikation braucht. In dieser Hand wird sicherlich das Fünfpfennigstück liegen.

3
Die Vermutung von SYLVESTER oder Wie „Unlösbares“ gelöst wurde

Der Brite James Joseph Sylvester gehört zu den bedeutendsten Mathematikern des 19. Jahrhunderts. Wir wollen uns hier mit einem Problem befassen, das von Sylvester gestellt wurde. Es gehört sicherlich nicht zu den ‚großen‘ Werken Sylvesters (zumal er dieses Problem nur stellte und nicht löste). Für uns ist es aus zwei Gründen interessant: Erstens hat dieses Problem eine wunderschöne Lösung, und zweitens werden wir im folgenden Kapitel eine hübsche Anwendung kennenlernen.

Es handelt sich um eine Vermutung von Sylvester aus dem Jahre 1893, die ganz einfach ist und eigentlich unmittelbar einleuchtet. Sylvester konnte aber seine Vermutung nicht beweisen. Mehr noch: Über 50 Jahre gehörte sie zu den ungelösten Problemen der Mathematik.

Bevor wir das Problem formulieren, wollen wir einige einfache geometrische Überlegungen über Punkte einer beliebigen Menge $\mathcal{M}$ von Punkten in der Ebene anstellen.

Diejenigen Geraden der Ebene, die gar keinen oder nur einen einzigen Punkt unserer Punktmenge $\mathcal{M}$ enthalten, sind nicht sehr interessant (denn sie haben gewissermaßen mit der „Struktur“ von $\mathcal{M}$ nichts zu tun). Es geht um die Geraden, auf denen mindestens zwei Punkte unserer Punktmenge liegen; diese Geraden nennen wir die **Geraden von** $\mathcal{M}$. Mit m bezeichnen wir im folgenden stets die Anzahl der Punkte von $\mathcal{M}$. In Bild 3-1 sind alle Möglichkeiten aufgeführt, bei denen m = 2, 3, 4 oder 5 ist.

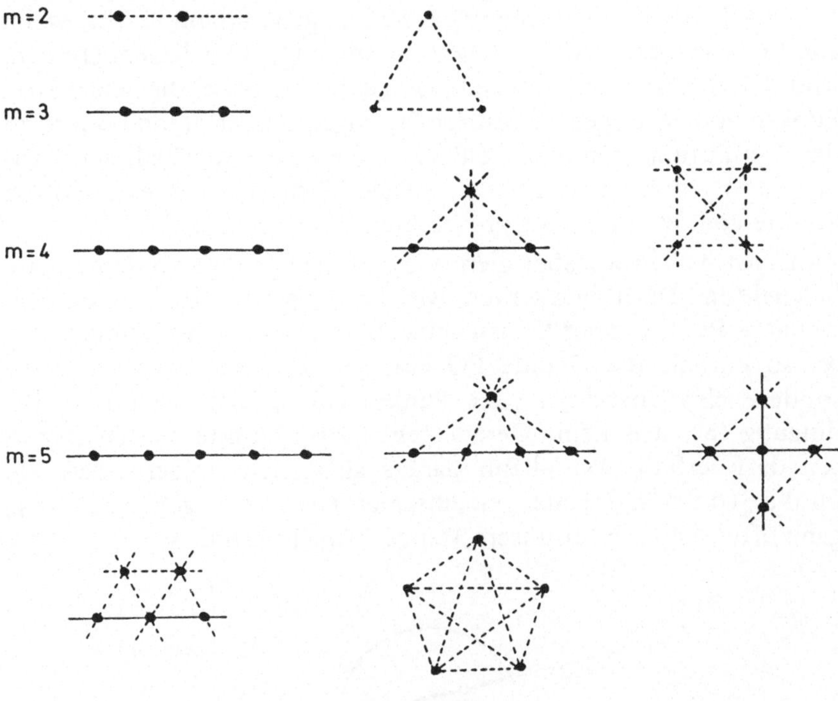

Bild 3-1

Zur Erläuterung: Enthält $\mathcal{M}$ nur zwei Punkte, so gibt es nur eine uns interessierende Gerade. Im Fall m = 3 müssen wir zwei Situationen unterscheiden: Die Punkte können alle auf einer gemeinsamen Geraden oder paarweise auf drei Geraden liegen. Wie aus der Abbildung ersichtlich ist, gibt es für m = 4 drei Fälle und für m = 5 schon fünf Fälle. Der Leser kann sich davon überzeugen, wie es weitergeht. Für m = 6 müssen wir acht und für m = 7 bereits dreizehn Fälle unterscheiden.

Nun wollen wir eine bestimmte Eigenschaft (S) für die Punktmenge $\mathcal{M}$ vorschreiben: **Keine Gerade der Ebene soll genau zwei Punkte von $\mathcal{M}$ enthalten**. Oder, mit anderen Worten: Jede Gerade besitzt keinen, genau einen oder mindestens drei Punkte von $\mathcal{M}$.

Bis m = 5 ist diese Bedingung offenbar genau dann erfüllt, wenn alle Punkte von $\mathcal{M}$ auf einer gemeinsamen Geraden liegen. (In dem Bild 3-1 sind die „verbotenen“ Geraden – also die, die genau zwei Punkte von $\mathcal{M}$ tragen – gestrichelt eingezeichnet.) Man könnte zu der Vermutung kommen, daß auch für $m > 5$ die Bedingung (S) nur dann erfüllt ist, wenn die „triviale“ Situation vorliegt, daß alle Punkte von $\mathcal{M}$ auf einer gemeinsamen Geraden liegen.

Zunächst wollen wir aber diese Vermutung von einer anderen Seite beleuchten. Dazu betrachten wir die Menge $\mathcal{K}$ der – unendlich vielen – Punkte einer Kreisscheibe. Sind P und Q zwei Punkte von $\mathcal{K}$, so enthält die Gerade PQ eine ganze Strecke von $\mathcal{K}$, insbesondere also unendlich viele Punkte von $\mathcal{K}$. Also ist unsere Bedingung (S), daß keine Gerade genau zwei Punkte von $\mathcal{K}$ enthalten darf, erfüllt. Man kann daraus aber nicht folgern, daß alle Punkte von $\mathcal{K}$ auf einer gemeinsamen Geraden liegen: Dies ist ja ganz offensichtlich für unsere Menge $\mathcal{K}$ nicht erfüllt.

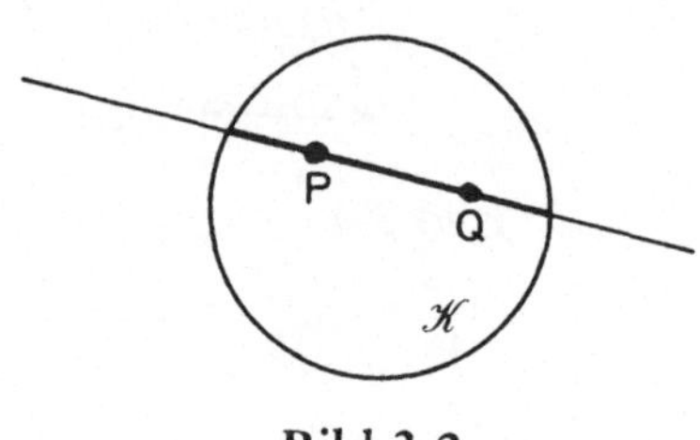

Bild 3-2

Die Vermutung gilt also – wenn überhaupt – nur, wenn die betrachtete Menge $\mathcal{M}$ **endlich** ist. Dies ist genau die **Sylvestersche Vermutung**, die wir jetzt präzise formulieren wollen:

Gegeben sei eine Menge $\mathcal{M}$ von endlich vielen Punkten mit folgender Eigenschaft (S):

> Jede Gerade, die zwei Punkte von $\mathcal{M}$ besitzt, soll mindestens drei Punkte von $\mathcal{M}$ enthalten. Mit anderen Worten: Jede Gerade soll keinen, genau einen oder wenigstens drei Punkte von $\mathcal{M}$ tragen.

Vermutung: **Alle Punkte von $\mathcal{M}$ liegen auf einer gemeinsamen Geraden.**

Erst 1944 fand der ungarische Mathematiker Gallai einen Beweis – 51 Jahre nachdem die Vermutung aufgestellt worden war. Danach wurde eine ganze Reihe von Beweisen entdeckt. Hier soll der Beweis von L. M. Kelly aus dem Jahre 1948 vorgeführt werden. Er besticht durch Eleganz und Einfachheit und zeigt, wie ein lange ungelöstes Problem, das bereits als ‚unlösbar' zu gelten begann, mit einfachen Mitteln gelöst werden konnte.

In diesem Beweis wird folgendes gezeigt: Sei $\mathcal{M}$ eine Menge von Punkten, die (S) erfüllt; liegen **nicht** alle Punkte aus $\mathcal{M}$ auf einer gemeinsamen Geraden, so hat $\mathcal{M}$ **unendlich** viele Punkte. Das heißt nichts anderes als: Eine **endliche** Punktmenge, die der Bedingung (S) genügt, muß auf einer gemeinsamen Geraden liegen. Dies ist genau die Sylverstersche Vermutung.

Sei nun also $\mathcal{M}$ eine Menge von Punkten, die der Bedingung (S) genügt, und deren Punkte nicht auf einer gemeinsamen Geraden liegen.

Wir nennen drei Punkte P, Q, R von $\mathcal{M}$ ein **Dreieck** von $\mathcal{M}$, wenn sie nicht alle auf einer gemeinsamen Geraden liegen. Die Voraussetzung, daß nicht alle Punkte von $\mathcal{M}$ auf einer gemeinsamen Geraden liegen, heißt also daß es ein Dreieck von $\mathcal{M}$ gibt.

Im *ersten Schritt* des Beweises wollen wir zeigen: Gibt es ein Dreieck von $\mathcal{M}$, so gibt es zwei Dreiecke; gibt es zwei Dreiecke, so existiert auch ein drittes. Letztlich ergibt sich, daß $\mathcal{M}$ **unendlich viele** Dreiecke besitzt.

Wir wissen, daß es ein Dreieck von $\mathcal{M}$ gibt. Nennen wir es $P_1Q_1R_1$. Den Abstand von R_1 zu der Geraden P_1Q_1 bezeichnen wir mit a_1. Allgemein gelte: Ist $P_nQ_nR_n$ ein Dreieck, so sei a_n der Abstand von R_n zu P_nQ_n.

Nun behaupten wir: Es gibt eine nicht abbrechende Folge

$$P_1Q_1R_1, P_2Q_2R_2, \ldots, P_nQ_nR_n, \ldots$$

von Dreiecken in $\mathcal{M}$ mit

$$a_1 > a_2 > \ldots > a_n > \ldots$$

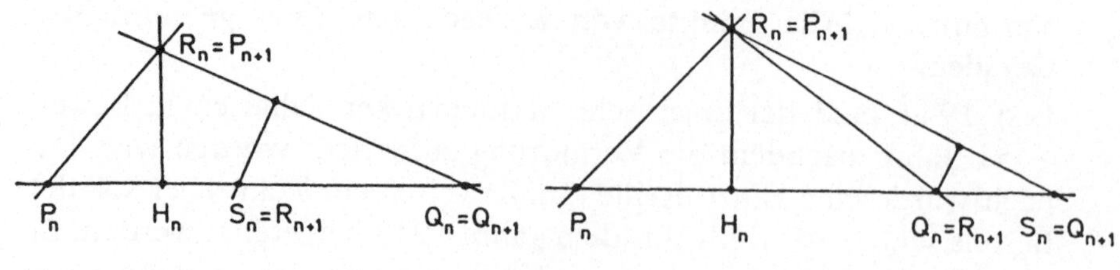

Bild 3-3

Um diese Behauptung zu beweisen, müssen wir folgendes zeigen: Ist $P_n Q_n R_n$ ein Dreieck von $\mathcal{M}$, so läßt sich ein Dreieck $P_{n+1} Q_{n+1} R_{n+1}$ von $\mathcal{M}$ finden mit $a_n > a_{n+1}$.

In Bild 3-3 ist $P_n Q_n R_n$ ein Dreieck von $\mathcal{M}$. Das Lot von R_n auf die Gerade $P_n Q_n$ habe den Fußpunkt H_n.

Wir erinnern uns an die Bedingung (S): Enthält eine Gerade zwei Punkte von $\mathcal{M}$, so muß sie einen dritten Punkt von $\mathcal{M}$ enthalten. Dies trifft insbesondere für die Gerade $P_n Q_n$ zu. Den dritten Punkt aus $\mathcal{M}$ auf $P_n Q_n$ nennen wir vorläufig S_n.

Der Punkt S_n liegt entweder rechts von H_n oder links von H_n oder ist gleich H_n. Für die Beweisführung können wir annehmen, daß S_n nicht links von H_n liegt; sollte S_n sich links von H_n befinden, so führt eine völlig analoge Argumentation zum Ziel.

Nun gibt es wieder zwei Möglichkeiten: Entweder liegt S_n innerhalb der Strecke $\overline{H_n Q_n}$ oder außerhalb derselben.

Im ersten Fall ist der Abstand von S_n zu der Geraden $R_n Q_n$ offensichtlich kleiner als a_n (der Abstand von R_n zu $P_n Q_n$). Wir setzen nun

$$P_{n+1} = R_n, \ Q_{n+1} = Q_n, \ R_{n+1} = S_n.$$

Dann ist $P_{n+1} Q_{n+1} R_{n+1}$ ein Dreieck von $\mathcal{M}$, bei dem der Abstand a_{n+1} von R_{n+1} zu der Geraden $P_{n+1} Q_{n+1}$ kleiner ist als a_n.

Im zweiten Fall, wenn also S_n rechts von Q_n liegt, setzen wir

$$P_{n+1} = R_n, \ Q_{n+1} = S_n, \ R_{n+1} = Q_n.$$

Auch in diesem Fall ist $P_{n+1}Q_{n+1}R_{n+1}$ ein Dreieck von $\mathcal{M}$ mit $a_{n+1} > a_n$.

Wir wollen kurz rekapitulieren, was wir bisher gemacht haben. Wir haben gezeigt, das es **unendlich viele Dreiecke** von $\mathcal{M}$ gibt. Damit sind wir schon fast am Ziel, denn der *zweite Schritt* ist viel einfacher: Es bleibt nämlich nur noch zu zeigen, daß $\mathcal{M}$ **unendlich viele Punkte** besitzt.

Dazu gehen wir so vor: Wir nehmen an, daß $\mathcal{M}$ nur eine endliche Anzahl m von Punkten besitzt und zeigen, daß diese Annahme zu einem Widerspruch führt.

Wieviele Möglichkeiten gibt es, aus m Punkten ein Dreieck zu konstruieren?

Für den ersten Dreieckspunkt hätten wir m Punkte zur Auswahl, für den zweiten Dreieckspunkt noch $m-1$ Punkte und für den dritten schließlich höchstens $m-2$. Also lassen sich aus m Punkten höchstens $m(m-1)(m-2)$ Dreiecke bilden.

Da wir aber wissen, daß es unendlich viele Dreiecke von $\mathcal{M}$ gibt, kann unsere Annahme, daß $\mathcal{M}$ nur endlich viele Punkte besitzt, nicht richtig sein. $\mathcal{M}$ hat somit unendlich viele Punkte, und damit sind wir am Ende unseres Beweises angelangt. Die Sylverstersche Vermutung ist keine Vermutung mehr, sondern ein Satz.

Man kann diesen Satz auch folgendermaßen formulieren: Zu jeder endlichen Punktmenge $\mathcal{M}$, deren Punkte nicht auf einer gemeinsamen Geraden liegen, gibt es mindestens eine Gerade, die **genau zwei** Punkte von $\mathcal{M}$ besitzt, eine sogenannte **Sylvester-Gerade**.

Nun liegt folgende Frage nahe: Wieviele Sylvester-Geraden hat eine endliche Menge von m Punkten mindestens? Diese Frage ist bis heute nicht abschließend beantwortet. Die beste bekannte Annäherung lautet: Eine Menge von m Punkten, die nicht alle auf ein und derselben Geraden liegen, hat mindestens $\frac{3m}{7}$ Sylvester-Geraden.

Zum Beispiel hat folgende Konfiguration von sieben Punkten genau 3 $\left(= \frac{3 \cdot 7}{7}\right)$ Sylvester-Geraden, die in Bild 3-4 gestrichelt eingezeichnet sind.

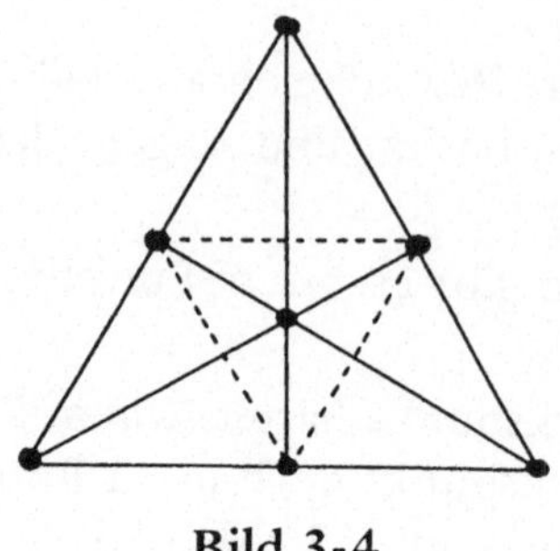

Bild 3-4

4
Weißt du, wieviel Geraden gehen ...?

Man pflegt sich Sternbilder gewöhnlich so zu merken, daß man sich die zugehörigen Sterne durch einige Verbindungslinien strukturiert vorstellt. Dabei zieht man allerdings nur einen ganz geringen Prozentsatz aller denkbaren Verbindungsgeraden in Betracht. Würde man nämlich alle möglichen Verbindungsgeraden einzeichnen, so sähe das ‚Sternbild' ziemlich unübersichtlich aus. Wenn man dann noch gefragt würde, **wieviele** Geraden denn hier eingezeichnet sind, wird man wohl ziemlich bald ärgerlich – spätestens dann, wenn man sich zum wiederholten Mal verzählt hat.

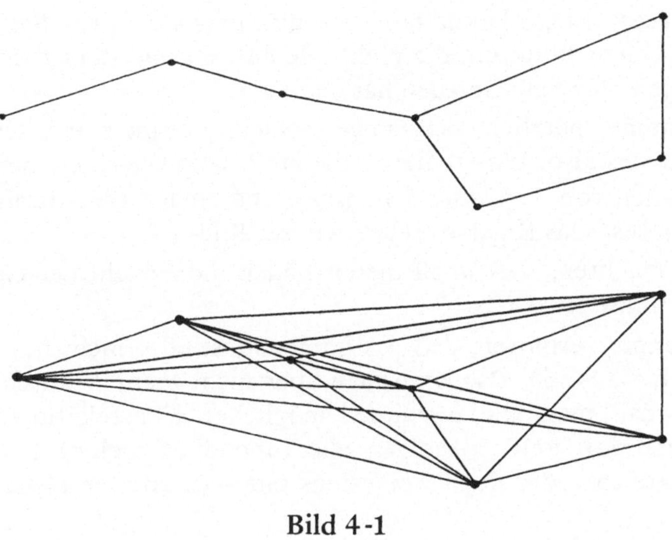

Bild 4-1

In diesem Abschnitt wollen wir uns aber um genau diese Frage kümmern: **Wieviele Geraden werden von einer bestimmten Anzahl n von Punkten bestimmt?**

Wir werden zwar nur eine Abschätzung nach unten für diese Anzahl erhalten. Dies ist sicherlich ein Nachteil. Dieser wird aber dadurch aufgewogen, daß wir – sozusagen ‚ohne hinzuschauen' – sagen können, wieviele Geraden eine Menge von n Punkten mindestens hat.

Sei nun $\mathcal{M}$ eine solche Menge von Punkten. Wir sagen: Eine Gerade g ist eine **Gerade von** $\mathcal{M}$, falls g mindestens zwei Punkte von $\mathcal{M}$ besitzt. Als Beispiel betrachten wir die Menge $\mathcal{M}$ der Punkte, die das Sternbild des großen Wagens darstellen. Die obige Zeichnung zeigt alle Geraden von $\mathcal{M}$.

Unsere Frage lautet also: **Wieviele Geraden hat eine gegebene Punktmenge $\mathcal{M}$?**

Die erste Antwort darauf ist ganz einfach: Mindestens eine! – falls $\mathcal{M}$ überhaupt mehr als einen Punkt besitzt.

Aber die Situation, in der $\mathcal{M}$ nur eine Gerade hat, die mutterseelenallein ihr Dasein fristet, ist doch zu traurig. Aus diesem Grund schließen wir diesen Fall ab sofort von unseren Untersuchungen aus. Unsere Frage lautet nun – etwas präziser – so: **Sei $\mathcal{M}$ eine Menge von n Punkten, die nicht alle auf ein und derselben Geraden liegen. Wieviele Geraden hat dann $\mathcal{M}$?**

Es ist immer nützlich, sich einige einfache Beispiele anzuschauen. Tun wir das also. Wir studieren alle im Prinzip verschiedenen Konstellationen von 3, 4 oder 5 Punkten und stellen die Anzahl ihrer Geraden fest; das Ergebnis sehen wir auf Bild 4-2.

Wir beobachten, daß in all diesen Fällen die Anzahl der Geraden von $\mathcal{M}$ mindestens n ist.

Man könnte vermuten, daß das immer so ist (also nicht nur in den Fällen n = 3, 4, 5). Das kann man aber nicht mehr dadurch nachprüfen, daß man alle prinzipiell möglichen Konstellationen aufzeichnet. Man muß sozusagen alle (unendlich vielen) Fälle auf einen Streich (oder doch wenigstens mit zwei oder drei Streichen)

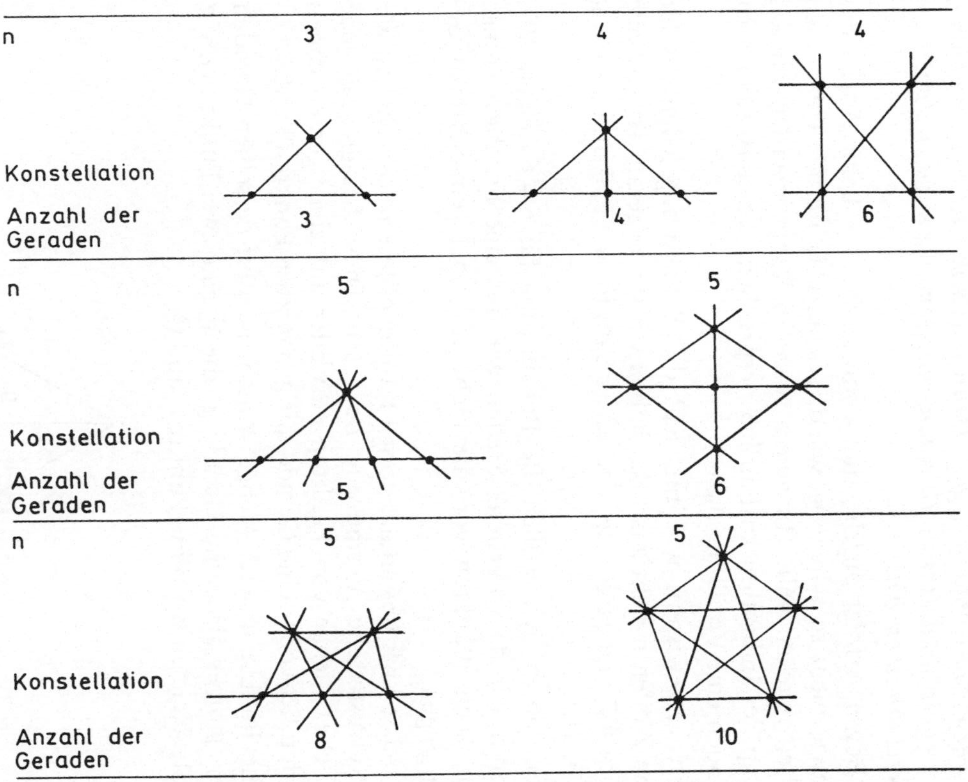

n	3	4	4
Konstellation			
Anzahl der Geraden	3	4	6

n	5	5
Konstellation		
Anzahl der Geraden	5	6

n	5	5
Konstellation		
Anzahl der Geraden	8	10

Bild 4-2

erschlagen. Das ist genau das, was die Mathematiker einen „Beweis" nennen. Wir wollen den folgenden Satz beweisen:

Sei $\mathcal{M}$ eine (endliche) Menge von n *Punkten, die nicht alle auf ein und derselben Geraden liegen. Dann hat $\mathcal{M}$ mindestens* n *Geraden; d. h. es gibt mindestens* n *Geraden, von denen jede wenigstens zwei Punkte von $\mathcal{M}$ enthält.*

Der Beweis erfolgt durch „Induktion nach n" – keine Angst, das ist lange nicht so schwierig, wie dieses einschüchternde Wort einen glauben machen will! (In einem späteren Kapitel werden wir das Prinzip der Induktion ausführlich besprechen; dieser Abschnitt ist also auch eine Vorübung dazu.)

Zuerst vergewissern wir uns, daß die Behauptung jedenfalls für kleine Zahlen n richtig ist. Das haben wir schon getan: Die Tabelle in Bild 4-2 sagt ja gerade, daß unser Satz für n = 3, 4 und 5 richtig ist.

Angenommen, wir wollen die Behauptung für n = 6 zeigen. Wie könnten wir da vorgehen? Stellen wir uns eine beliebige Menge $\mathcal{M}$ von sechs Punkten vor, die nicht auf einer gemeinsamen Geraden liegen.

Nun müssen wir uns an das vorige Kapitel erinnern. Dort haben wir die Sylvestersche Vermutung bewiesen. Diese besagt, daß jede (endliche) Menge von Punkten entweder auf einer gemeinsamen Geraden liegt oder eine Gerade mit genau zwei Punkten besitzt.

Da die Punkte unserer Menge $\mathcal{M}$ nicht alle auf derselben Geraden liegen, gibt es also eine Gerade g, die genau zwei Punkte von $\mathcal{M}$ enthält. Nennen wir diese Punkte P und Q.

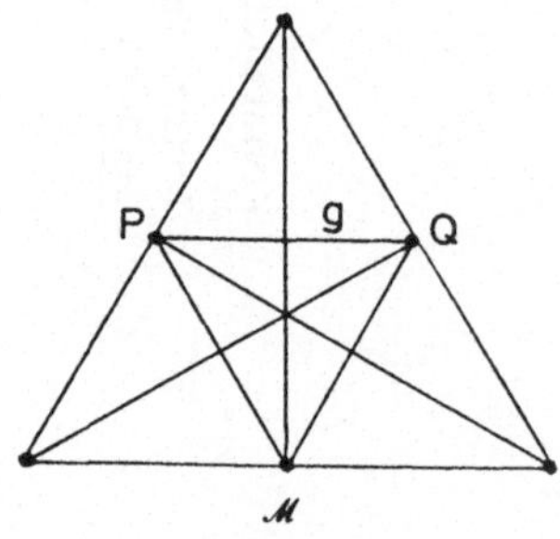

Bild 4-3

Nun lassen wir den Punkt P verschwinden und betrachten nur die Menge $\mathcal{M}'$, die aus den fünf Punkten von $\mathcal{M}$ besteht, die verschieden von P sind.

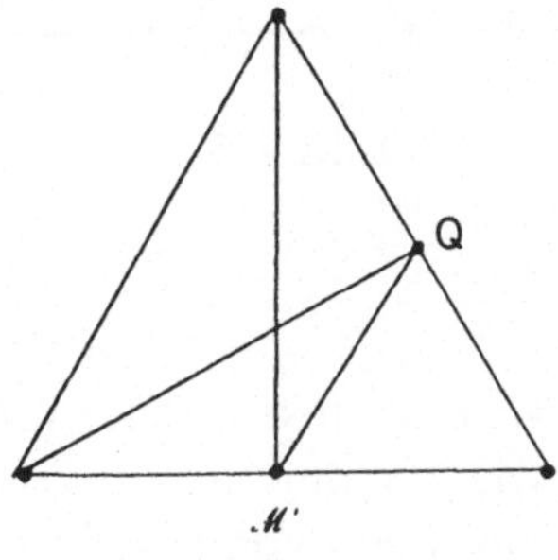

Bild 4-4

Jede Gerade von $\mathcal{M}'$ ist natürlich auch eine Gerade von $\mathcal{M}$. Aber unsere Gerade g ist **keine** Gerade von $\mathcal{M}'$. (Denn g enthält ja nur einen Punkt von $\mathcal{M}'$, nämlich Q.) Daher ist die Anzahl der Geraden von $\mathcal{M}$ um mindestens Eins größer als die Anzahl der Geraden von $\mathcal{M}'$.

Außerdem wissen wir schon, daß jede Menge mit fünf Punkten (also z.B. $\mathcal{M}'$) mindestens fünf Geraden hat. Daher hat $\mathcal{M}$ mindestens $1 + 5 = 6$ Geraden, und unsere Behauptung ist bewiesen.

Doch halt! An einer Stelle haben wir nicht scharf genug aufgepaßt. Es könnte nämlich die Katastrophe eintreten, daß alle Punkte von $\mathcal{M}'$ auf einer einzigen Geraden liegen. In dieser Situation können wir nicht so schließen wie oben.

Zum Glück ist aber unter diesen Umständen die Lage so günstig, daß wir auf einem anderen Weg zum Ziel kommen:

Liegen alle Punkte von $\mathcal{M}'$ auf einer gemeinsamen Geraden h, so ist der Punkt P mit allen Punkten von $\mathcal{M}'$ durch eine Gerade verbunden, und diese Geraden sind alle verschieden! In dieser Situation hat $\mathcal{M}$ also genau $1 + 5 = 6$ Geraden.

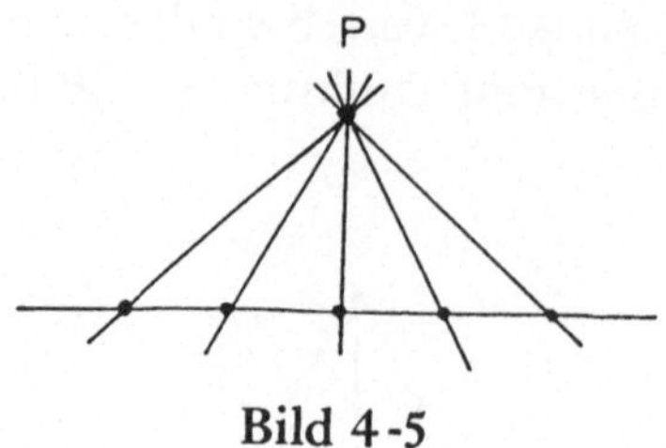

Bild 4-5

Zusammen haben wir also bewiesen, daß unser Satz für n = 6 richtig ist. Und genau so, wie wir den Schritt von 5 auf 6 gemacht haben, schreiten wir nun allgemein von n auf n + 1 vor.

Wir setzen voraus, daß unser Satz für eine bestimmte Zahl n gültig ist. Wir müssen zeigen, daß dieser Satz dann auch für jede Menge mit n + 1 Punkten gilt.

Sei dazu $\mathcal{M}$ eine Menge von n + 1 Punkten, die nicht auf ein und derselben Geraden liegen. Die (im vorigen Kapitel bewiesene) Sylvestersche Vermutung sagt, daß es eine Gerade g gibt, die genau zwei Punkte von $\mathcal{M}$ besitzt. Seien P und Q diese Punkte.

Wir vergessen jetzt den Punkt P und kümmern uns vorläufig nur um die Menge $\mathcal{M}'$, die aus all den Punkten von $\mathcal{M}$ besteht, die verschieden von P sind.

Vom Studium des Falles n = 6 wissen wir schon, daß wir zwei grundsätzlich verschiedene Situationen zu unterscheiden haben.

1. **Der Normalfall**: Die n Punkte von $\mathcal{M}'$ liegen nicht alle auf einer gemeinsamen Geraden.

Da wir die Gültigkeit des Satzes für alle Mengen mit n Punkten voraussetzen, wissen wir insbesondere, daß $\mathcal{M}'$ mindestens n Geraden hat. Ferner ist g zwar eine Gerade von $\mathcal{M}$, aber keine von $\mathcal{M}'$. Damit folgt:

Anzahl der Geraden von $\mathcal{M} \geqq$ Anzahl der Geraden von $\mathcal{M}'$ + 1 = n + 1.

2. **Der Katastrophenfall**: Alle n Punkte von $\mathcal{M}'$ liegen auf einer gemeinsamen Geraden h.

Dann ist P mit den n Punkten von $\mathcal{M}'$ durch n verschiedene Geraden verbunden. Somit hat $\mathcal{M}$ also n Geraden, die zwei Punkte von $\mathcal{M}$ besitzen, und eine mit n Punkten (nämlich h). Insgesamt hat $\mathcal{M}$ in diesem Fall genau n + 1 Geraden.

Zusammen haben wir unseren Satz bewiesen. (Klar, wenn wir uns beispielsweise überzeugen wollen, daß der Satz für Mengen mit acht Punkten gilt, so gehen wir so vor:

A. Wir wissen: Der Satz gilt für Mengen mit sechs Punkten.

B. Für jede Zahl n ist der Schritt von n auf n + 1 richtig. Daher folgt die Gültigkeit des Satzes für Mengen mit sieben Punkten. (Setze n = 6.)

C. Mit demselben Argument folgt nun (wenn man n = 7 setzt), daß der Satz auch für Mengen mit acht Punkten richtig ist.)

*

Zum Schluß seien dem Leser noch zwei Aufgaben empfohlen, die sich an den obigen Satz organisch anschließen. Die Lösung dieser Aufgaben ist nicht ganz einfach. Für eine ‚exakte' Lösung braucht man wieder Induktion; aber es ist sicher ganz nützlich, wenn man sich die Behauptungen erst mal für kleine Werte von n klar macht. Dann wird man wahrscheinlich auch sehen, wie der Beweis im allgemeinen Fall läuft.

1. Sei $\mathcal{M}$ eine Menge von n Punkten, die **genau** n Geraden hat. Man zeige, daß dann n − 1 Punkte von $\mathcal{M}$ auf einer gemeinsamen Geraden liegen, d.h., daß $\mathcal{M}$ wie folgt aussieht:

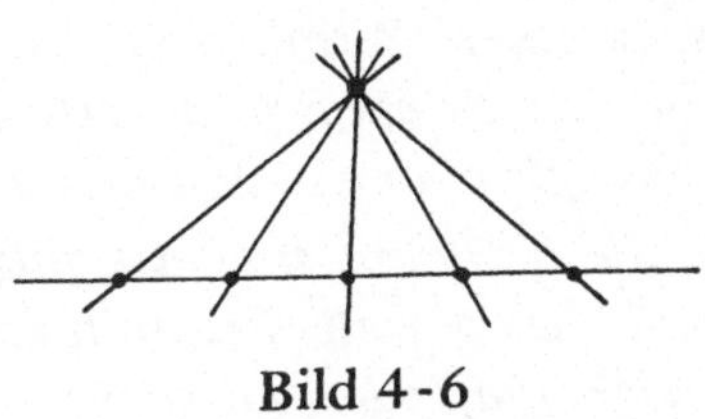

Bild 4-6

2. Sei $\mathcal{M}$ eine Menge mit n Punkten. Besitzt $\mathcal{M}$ **mehr** als n Geraden, so hat $\mathcal{M}$ schon mindestens 2n − 4 Geraden.

5
Sieben Ritter freien um eine Prinzessin. Ein Märchen

Ein König hatte eine Tochter Beatrix mit Namen, die war über alle Maßen schön. Es traf sich, daß gerade sieben Ritter um ihre Hand anhielten. Aber die Prinzessin wollte sich nicht auf den ersten Augenschein verlassen und sah sich außerstande, unter diesen sieben den edelsten zu wählen. Desgleichen stellt auch ihr Vater, der König, fest, daß alle sieben Bewerber gut beleumundet und in allen Rittertugenden tüchtig wären.

Wie sie nun darüber sinnen, welcher Ritter wohl der edelste wäre, kommt ihnen der Gedanke, alle Ritter zu einem Fest zu laden, um dort eine Reihe von Turnieren darüber entscheiden zu lassen, wer denn der edelste unter allen sei. Doch nicht nur den alleredelsten wollen sie wissen, sondern in weiser Voraussicht auch den zweitedelsten, den drittedelsten, und so fort. Denn es könnte ja geschehen, daß gerade der edelste – kaum, daß er als solcher erkannt ist – in einem Zweikampf sein Leben lassen muß, in einem Zweikampf, den er womöglich eingeht, um die Ehre der Prinzessin zu verteidigen. Die Aufgabe lautet also, eine Rangliste der sieben Ritter aufzustellen.

Die Regeln für die Turniere sind die folgenden: An einem Turnier können beliebig viele Ritter teilnehmen: nur zwei, aber auch drei, vier, fünf oder gar sechs – aber nicht alle sieben. Denn der Prinzessin muß stets einer der Ritter zur Seite stehen, um sie von etwelchem Unbill zu bewahren.

So weit, so gut. – In der Nacht aber liegt der König schlaflos. Ihn quälen unruhige Gedanken. Er hatte nicht bedacht, daß man der Prinzessin nicht zu viele Turniere zumuten darf; das Zuschauen und Mitfühlen – mit dem Sieger wie mit dem Unterlegenen – ist nämlich ebenso strapaziös, wie im Turniere selber zu fechten. Daher denkt sich der König die folgenden Vorschriften zur Gestaltung der Fest-Turniere aus:

1. Da die Prinzessin je zwei Ritter vergleichen will, müssen je zwei Ritter in einem Turnier gemeinsam auftreten. Sie sollen aber auch nicht häufiger als einmal miteinander kämpfen. Denn die Möglichkeit einer Revanche würde die Anzahl der Turniere offenbar ins Uferlose wachsen lassen. Also beschließt der König: ***Je zwei Ritter sollen in genau einem Turnier gemeinsam auftreten.***

2. An keinem Turnier dürfen alle sieben Ritter gemeinsam teilnehmen.

Über diesen klugen Gedanken hat sich des Königs Gemüt beruhigt, und er schläft zufrieden ein.

Als er am nächsten Morgen diesen Plan seinem Oberzeremonienmeister zur Kenntnis bringt, ist dieser zunächst sehr angetan von der königlichen Klugheit.

Nach kurzem Nachdenken kommt ihm aber schon einiges Bedenken, und so tritt er vor seinen Herrn mit den folgenden Worten: „Majestät, Eure Vorschrift ist klug und weise. Indessen, es gibt immer noch gar viele Möglichkeiten, die Turniere zu arrangieren. Insonderheit scheint es auch noch viele Möglichkeiten für die Anzahl der Turniere zu geben. Ich habe Pläne aufgestellt mit sieben, neun, zehn, zwölf, ja sogar dreizehn Turnieren, und einen Plan mit über zwanzig Turnieren!"

„Das kann doch nicht wahr sein!" ruft der König, „Hast du auch meine Vorschriften beachtet?" – „Ei freilich, Eure Majestät."

„Hm, hm" streicht sich der König den Bart und verkündet dann: „So wollen wir, mein lieber Oberzeremonienmeister, um der Prinzessin zu schonen, einen Plan verwenden, der mit

möglichst wenigen Turnieren auskommt. – Du sagtest, daß du einen Plan mit sieben Turnieren hast?" – „Sehr wohl, Eure Majestät" erwidert der Oberzeremonienmeister nicht ohne Stolz. „Und mit weniger als sieben Turnieren konntest du wohl keinen Plan zu Wege bringen?" frug der König. „Ich glaube nicht, daß irgend jemand in Eurem ganzen Reich einen solchen Plan finden kann" entgegnete der Oberzeremonienmeister hierauf mit Bestimmtheit. „So erteile ich dir den Auftrag, für unser morgiges Fest einen Plan mit sieben Turnieren – und keinem einzigen mehr – gemäß meinen Vorschriften auszuarbeiten, damit wir den edelsten Gemahl für meine Tochter finden."

*

So weit das Märchen. Wir wollen versuchen, es dem Oberzeremonienmeister gleichzutun. Zu diesem Zweck verwenden wir folgende graphische Veranschaulichung des Turnierproblems.

Wir repräsentieren jeden Ritter durch einen **Punkt** auf dem Papier. Jedes Turnier wird durch eine **Linie** dargestellt. (Diese kann gerade, darf aber auch krumm sein; das ist für unsere Zwecke ohne Belang.) Dies machen wir so, daß eine Linie genau die Ritter verbindet, die an dem entsprechenden Turnier teilnehmen.

Zum Beispiel: Sind die Ritter A, B und C an dem Turnier t beteiligt (und keiner sonst), so kann diese Tatsache durch eine der folgenden Abbildungen in Bild 5-1 dargestellt werden:

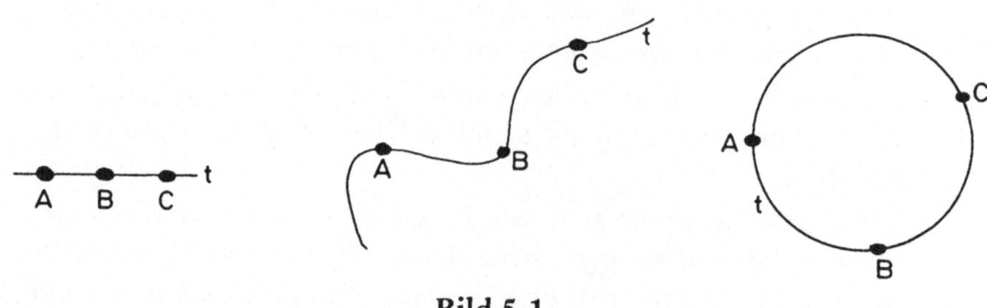

Bild 5-1

Wir vereinbaren zusätzlich, daß Linien, die einem Turnier mit nur zwei Rittern (einem sogenannten **Zweikampf**) entsprechen, **nicht** eingezeichnet werden. Diese Linien sind ja (abgesehen von ihrer Gestalt) eindeutig bestimmt.

Und nun ans Werk! Wir wollen versuchen, einen Plan für die Festturniere aufzustellen. Dazu müssen wir sieben Punkte (die wir vorläufig mit A, B, C, ..., G bezeichnen) gemäß den königlichen Vorschriften 1 und 2 durch Linien verbinden. Wir wollen insbesondere die Aussage des Oberzeremonienmeisters verifizieren, daß es nämlich Turnierpläne mit sieben Turnieren gibt, aber keinen mit weniger als sieben Turnieren. Wie fast immer ist es zweckmäßig, systematisch vorzugehen.

*

1. Fall. Es gibt ein Turnier, an dem genau sechs Ritter teilnehmen. Dann ist der Festspielplan im wesentlichen eindeutig festgelegt:

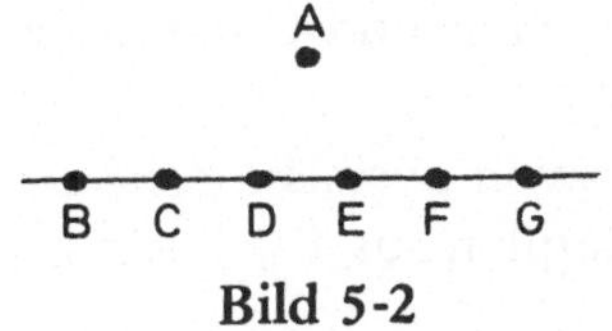

Bild 5-2

(Das bedeutet: Die Ritter B, C, ..., G kämpfen gemeinsam in einem Turnier, während der Ritter A mit jedem anderen einen Zweikampf austragen muß.)

Wir zählen die Anzahl der Turniere ab und stellen überrascht fest: Es sind genau sieben! Wer hätte das gedacht, daß schon der erste Versuch einen so guten Plan liefert?

*

2. Fall. Es gibt ein Turnier t mit genau fünf Rittern. Seien A, B, C, D, E die Ritter, die an dem Turnier t teilnehmen. Offenbar gibt es kein anderes Turnier t′ mit vier oder noch mehr Rittern. (Denn t′ hätte dann mindestens zwei Ritter mit t gemein, sagen wir die Ritter A und B. Dann würde aber diese Ritter im Turnier t und im Turnier t′ gegeneinander kämpfen. Dies ist aber durch die erste königliche Vorschrift verboten.)

Wir unterscheiden zwei Möglichkeiten.

1. Möglichkeit. Die Ritter F und G kämpfen gemeinsam in einem 3-Mann-Turnier.

Dann sieht der Turnierplan im Prinzip so aus wie in Bild 5-3 dargestellt. Er besteht aus $2 + 2 \cdot 4 = 10$ Turnieren.

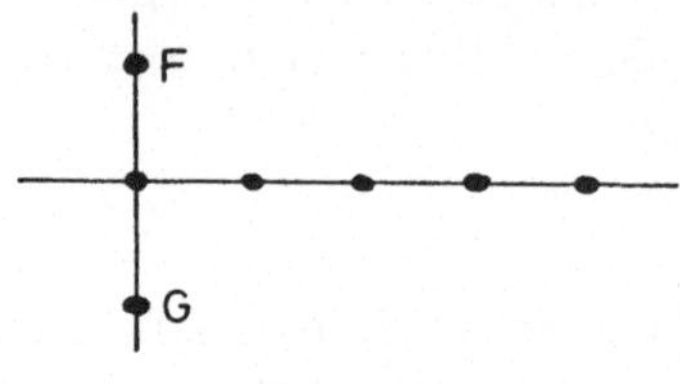

Bild 5-3

2. Möglichkeit. Die Ritter F und G kämpfen in einem Zweikampf gegeneinander.

In diesem Fall ist jedes von t verschiedene Turnier ein Zweikampf. Also besteht der Turnierplan aus $1 + 1 + 2 \cdot 5 = 12$ Turnieren.

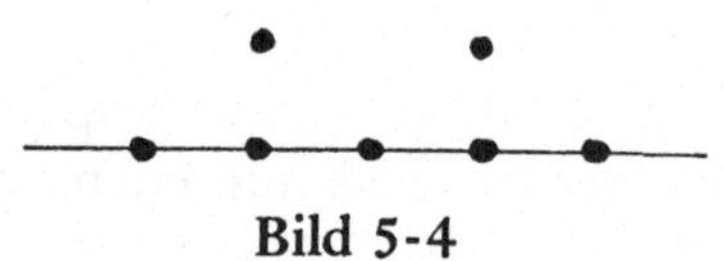

Bild 5-4

Der zweite Fall liefert also nur Turnierpläne mit vielen Turnieren. Das ist im dritten Fall nicht anders.

*

3. Fall. Es gibt ein 4-Mann Turnier.

Auch diese Situation kann man so systematisch behandeln wie den vorigen Fall. Dies sei dem Leser als Übung überlassen. Es ergeben sich die folgenden Turnierpläne:

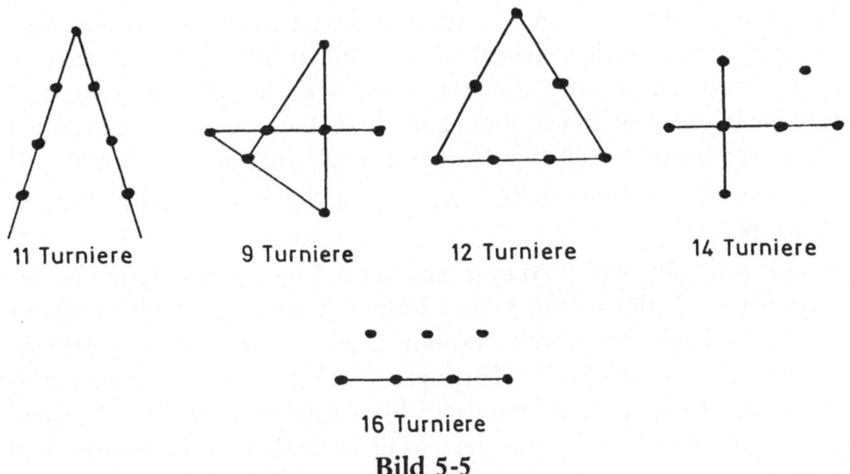

Bild 5-5

Nun kommt der schwierigste (und – ich verspreche nicht zuviel! – interessanteste) Fall.

*

4. Fall. Es gibt kein Turnier mit vier oder mehr Rittern, wohl aber eines mit drei Rittern.

Hier treten sehr viele verschiedene Möglichkeiten auf, die wir gar nicht alle einzeln auflisten wollen. Wir wollen uns nur vergewissern, daß des Oberzeremonienmeisters Aussage richtig ist: Wir zeigen, daß kein solcher Turnierplan mit weniger als sieben Turnieren existiert und (im wesentlichen) genau einer mit sieben Turnieren.

Dazu stellen wir uns vor, daß es einen solchen Turnierplan mit höchstens sieben Turnieren gibt. Diesen ‚sehen' wir zwar jetzt noch nicht, wir werden aber so lange immer mehr Eigenschaften dieses Planes herleiten, bis wir ihn in allen Einzelheiten hinzeichnen können.

1. Eigenschaft: Jeder Ritter nimmt an mindestens einem 3-Mann Turnier teil.

Angenommen, z.B. A würde an keinem 3-Mann Turnier teilnehmen. Dann müßte A mit jedem der anderen Ritter einen Zweikampf austragen. Allein A wäre also schon in sechs Turniere verwickelt. Da die übrigen Ritter nicht in einem gemeinsamen Turnier miteinander kämpfen, brauchen diese noch mindestens zwei weitere Turniere. Das heißt aber, daß unser Plan aus mehr als sieben Turnieren bestehen würde. Das wollten wir aber gerade vermeiden.

2. Eigenschaft: Jeder Ritter nimmt an mindestens zwei 3-Mann Turnieren teil.

Andernfalls gäbe es (in Anbetracht der 1. Eigenschaft) einen Ritter (sagen wir A), der an nur einem 3-Mann Turnier beteiligt ist. Dann müßte A gegen vier Kombattanten in einem Zweikampf antreten; A wäre also an genau fünf Turnieren beteiligt. Man kann sich aber leicht überlegen (indem man den Plan aufzeichnet), daß die übrigen sechs Ritter nicht mit nur zwei zusätzlichen Turnieren auskommen.

3. Eigenschaft: Jeder Ritter nimmt sogar an mindestens drei 3-Mann Turnieren teil.

Nehmen wir an, unser Unglücksrabe A wäre nur an zwei 3-Mann Turnieren beteiligt. Dann hätte A genau 4 Turniere zu bestehen. Seien B und C die Ritter, mit denen sich A in Zweikämpfen mißt. Dann kämpfen B und C in einem gemeinsamen 3-Mann Turnier. (Wenn nicht, gäbe es wegen der 2. Eigenschaft schon vier 3-Mann Turniere, an denen B oder C beteiligt sind, und insgesamt hätten wir schon 8 Turniere – siehe Bild 5-6.)

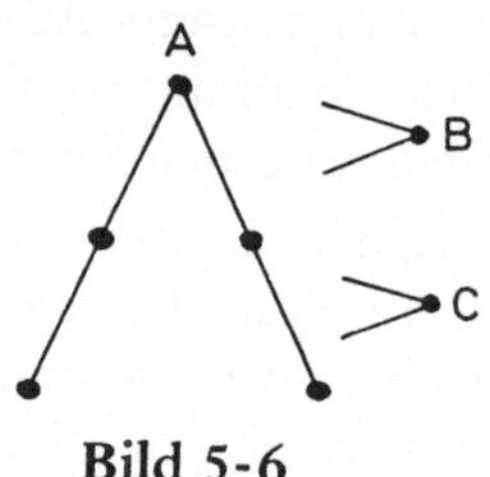

Bild 5-6

Wenn wir nochmals die 2. Eigenschaft bedenken, sehen wir, daß B und C in genau drei 3-Mann Turnieren vertreten sind. Dann sieht der Plan aber im Prinzip aus wie in Bild 5-7. Dieser Plan enthält aber weit mehr als sieben Turniere!

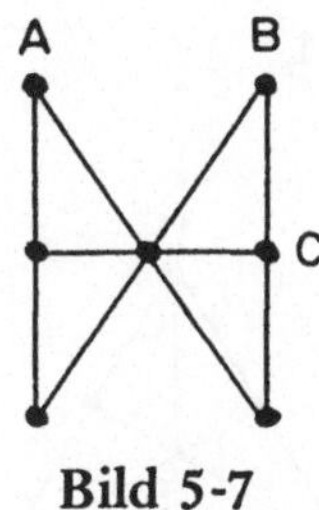

Bild 5-7

Die dritte Eigenschaft bedeutet aber, daß jeder Ritter in *genau drei* 3-Mann Turnieren kämpft. (Denn kein Ritter kann mit seinen sechs Konkurrenten in mehr als drei 3-Mann Turnieren kämpfen, ohne die erste königliche Regel zu verletzen.) Mit anderen Worten: **Jedes Turnier überhaupt ist ein 3-Mann Turnier!**

Es bleibt nur noch die bescheidene Frage: Gibt es ein solches Turnier? Die Antwort darauf ist ‚ja', und es ist ganz einfach zu konstruieren. Zuerst zeichnen wir die Linie durch den Punkt A:

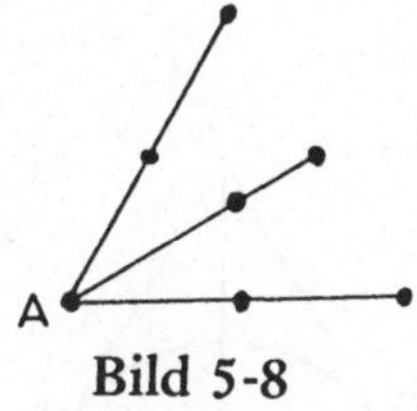

Bild 5-8

dann die durch C:

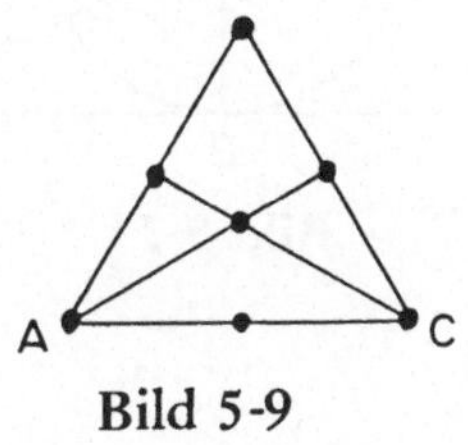

Bild 5-9

und anschließend die durch D:

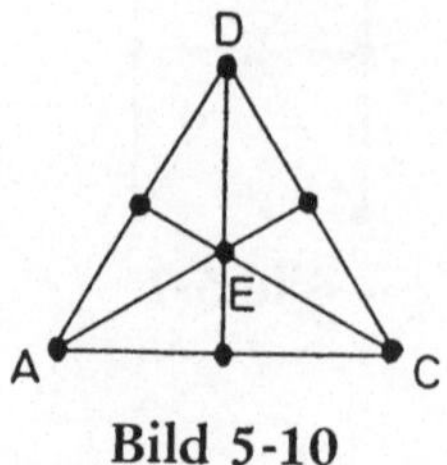

Bild 5-10

Betrachten wir unser bisheriges Werk, so sehen wir, daß die Punkte A, C, D und E bereits mit allen anderen verbunden sind. (Das bedeutet: Diese Ritter kämpfen planmäßig schon mit jedem anderen in einem Turnier.) Aber durch die Punkte F, G und B „fehlt" noch eine Linie. Zeichnen wir also einfach eine Linie, die diese drei Punkte verbindet – und: fertig ist der Plan!
(Daß diese letzte Linie krumm ist, braucht uns nicht zu stören; sie bedeutet ja *geometrisch* nichts; ihre Existenz sagt nur: In dem entsprechenden Turnier kämpfen die Ritter F, G, B miteinander.)

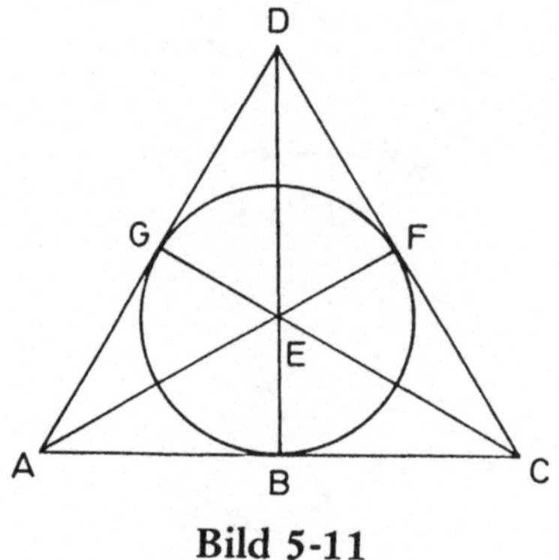

Bild 5-11

Der Leser möge nochmals sorgfältig überprüfen, daß dieser Plan (wir wollen ihn **P** nennen) wirklich den königlichen Vorschriften genügt und mit nur sieben Turnieren auskommt.

*

5. *Fall.* Jedes Turnier ist ein Zweikampf. Dann sieht der Plan ganz einfach aus, und man braucht die Rekordzahl von 21 Turnieren.

Bild 5-12

Wir fassen zusammen: Es gibt keinen Turnierplan mit weniger als 7 Turnieren. Es existieren im Prinzip genau zwei Pläne, die mit genau 7 Turnieren auskommen: In einem gibt es ein 6-Mann Turnier und sonst nur Zweikämpfe, während in dem Plan **P** jedes Turnier mit genau drei Rittern besetzt ist.

*

Der König und sein Oberzeremonienmeister entschieden sich einmütig dafür, den schönen und gerechten Plan **P** *zu verwenden. Das Fest geriet prächtig und war ein großer Erfolg. Vor Beginn der Turnierkämpfe wurden die Namen der Ritter verlesen:*

***A**lbrecht, **B**ernhard, **E**gbert, **I**gnatius, **R**udolph, **T**homas und **X**averius.*

Danach wurden ihre Namen in den Turnierplan eingetragen:

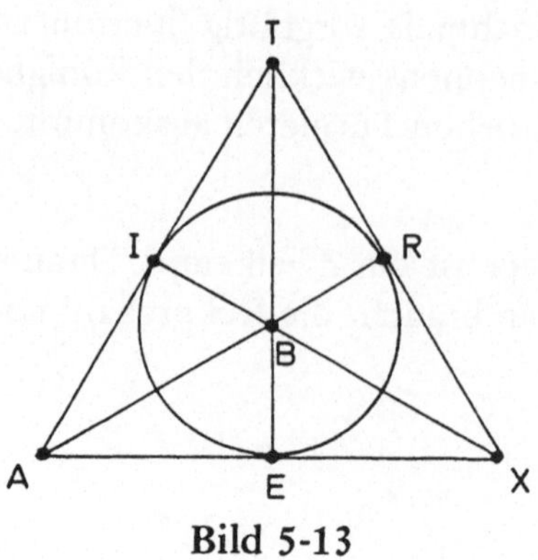

Bild 5-13

Als schließlich alle Kämpfe ausgefochten waren, konnte man an einer Tafel den Ausgang der einzelnen Turniere wie folgt ablesen:

Turnier	*Sieger*	*Zweiter*	*Letzter*
1	***B***	***I***	***X***
2	***A***	***T***	***I***
3	***E***	***R***	***I***
4	***B***	***A***	***R***
5	***B***	***E***	***T***
6	***E***	***A***	***X***
7	***T***	***R***	***X***

Damit war es dem Oberzeremonienmeister ein Leichtes, die Rangfolge der edlen Ritter zu ermitteln. Diese wurde vom König selbst, nachdem ein Heroldsignal für die gebührende Aufmerksamkeit gesorgt hatte, verkündet und lautete also:

B E A T R I X.

Hierauf wurde der Ritter **Bernhard** *der Prinzessin zugeführt, und diese sprach: „Nun wirst du mein lieber Gemahl werden, denn mein Vater hat mich demjenigen versprochen, der unter* *allen Rittern der edelste ist". Und ging mit ihm, und ihre Hochzeit ward mit großer Pracht und Herrlichkeit angeordnet.*

*

Dem Leser bleibt nur noch, es auch hier dem Oberzeremonienmeister gleichzutun, das heißt, die Rangfolge zu ermitteln. Dabei ist zu bedenken, daß die Kampfesstärke der einzelnen Ritter ganz gleichbleibend ist, und sich nicht von Turnier zu Turnier ändert.

6
Wir begeben uns aufs glatte Parkett oder Mathematik zu unseren Füßen

Was ein Parkett (manchmal auch Mosaik oder Pflasterung genannt) ist, wird angesichts der Zeichnungen in Bild 6-1 keinem mehr unklar sein können.

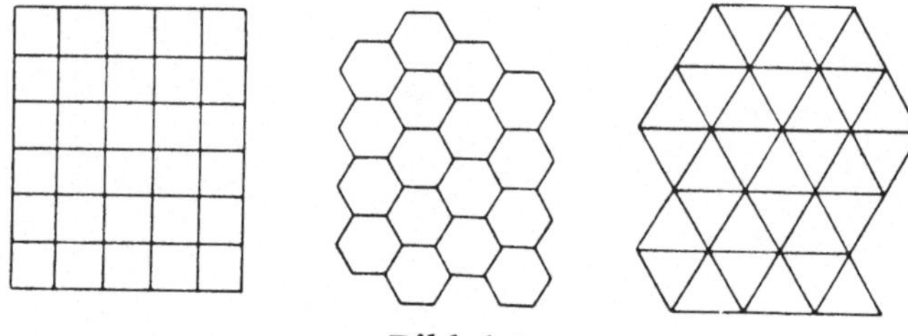

Bild 6-1

Wir beginnen trotzdem damit, eine unanfechtbare Definition aufzuschreiben: Ein **Parkett** ist eine Menge $\{P_1, P_2, \ldots\}$ von (abgeschlossenen) Polygonen, die wir **Parkettsteine** nennen, derart, daß jeder Punkt der Ebene, der nicht auf dem Rand eines Parkettsteins liegt, in genau einem Parkettstein enthalten ist. Mit anderen Worten: Ein Parkett besteht aus Parkettsteinen, die die Ebene lückenlos überdecken, von denen sich aber keine zwei überlappen.

Solche Parketts begegnen einem auf Schritt und Tritt, sei es zu Hause im Badezimmer, sei es draußen, wo man insbesondere in den Fußgängerzonen manch gewagtes Arrangement mit Füßen treten kann. Auch in der bildenden Kunst spielen Parketts eine wichtige Rolle; man denke etwa an Mosaike, Intarsienarbeiten oder den gesamten Komplex der islamischen Kunst.

In diesem Abschnitt wollen wir die Frage stellen, welches die ,einfachsten' (und damit vielleicht auch die ,schönsten') Parketts sind. Beispielsweise könnte man fragen:

Kann man die Ebene mit lauter Steinen der folgenden Form pflastern?

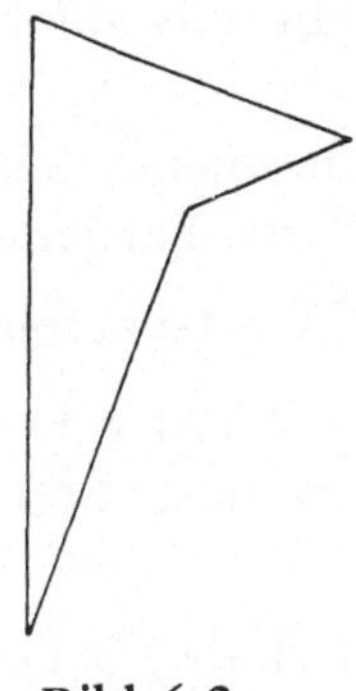

Bild 6-2

Gibt es ein Parkett, das ausschließlich aus regulären Fünfecken besteht?

Genauer gesagt wollen wir den Fall betrachten, daß alle Parkettsteine kongruent sind. Das ist offenbar auch für die Praxis von Interesse; die Frage ist nämlich, welche Parketts man legen kann, wenn man nur eine Sorte von Steinen zur Verfügung hat.

Noch eine Vorbemerkung: Aus dem Quadrat- bzw. Dreiecksgitter kann man leicht weitere Parketts erhalten, indem man die eine oder andere Reihe ,verschiebt'. Solche Parketts wollen wir nicht in Betracht ziehen; bei uns ist es immer so: Wenn zwei Parkettsteine ein Stück einer Kante (also nicht nur eine Ecke) gemeinsam haben, dann verühren sie sich *entlang der gesamten Kante*.

*

Zuerst wollen wir sehen, inwieweit unsere Frage durch die oben betrachteten Beispiele schon beantwortet ist.

Das Quadratgitter und das Wabenmuster sind Beispiele für Parketts aus Quadraten bzw. regulären Sechsecken; das darauffolgende Beispiel zeigt, daß es auch ein Parkett aus gleichseitigen Dreiecken gibt. In all diesen Parketts sind die Parkettsteine kongruente reguläre n-Ecke; solche Parketts wollen wir ebenfalls **regulär** nennen.

Sind diese drei Beispiele bereits alle regulären Parketts, oder gibt es noch andere? Wir nähern uns diesem Problem, indem wir uns überlegen, ob es ein Parkett gibt, das aus kongruenten regulären Fünfecken besteht.

Angenommen, es gäbe ein solches Parkett. Da die Winkelsumme im Fünfeck gleich $3 \cdot 180°$ ist, hat jeder Innenwinkel eines regulären Fünfecks genau $\frac{3 \cdot 180}{5} = 108$ Grad. Betrachten wir nun eine Ecke E eines Parkettsteins. Würden in E nur drei Parkettsteine zusammentreffen, so würde an dieser Stelle ein Winkel von

$$360 - 3 \cdot 108 = 36$$

Grad offenbleiben. Dies darf aber bei einem Parkett nicht sein. Also müssen in E mindestens vier Parkettsteine zusammenstoßen. Wegen

$$4 \cdot 108 > 360$$

müßten sich dann aber zwangsläufig zwei an E anstoßende Steine überlappen. Da auch dies in einem Parkett verboten ist, kann es also kein Parkett mit den fraglichen Eigenschaften geben.

Diese Beobachtung ist auch bereits der Schlüssel zum Beweis des folgenden Satzes:

Satz. *Jedes reguläre Parkett besteht aus Dreiecken, Quadraten oder Sechsecken, ist also eines der ersten drei Beispiele.*

Beweis. Stellen wir uns ein beliebiges reguläres Parkett vor, dessen Parkettsteine reguläre n-Ecke sind.

Ist $n = 3$, $n = 4$ oder $n = 6$, so liegt eines der drei Beispiele vor. Da wir den Fall $n = 5$ schon vorher abgehandelt haben, können wir nun $n > 6$ voraussetzen.

Da die Winkelsumme im n-Eck bekanntlich $180 \cdot (n-2)$ Grad ist, ist der Innenwinkel eines regulären n-Ecks gleich $\frac{180(n-2)}{n} = 180 - \frac{360}{n}$ Grad. Wegen $n > 6$ hat dieser Winkel also das Maß

$$180 - \frac{360}{n} > 180 - \frac{360}{6} = 120.$$

Nun betrachten wir wieder eine Ecke E eines Parkettsteins. An dieser Ecke grenzen mindestens drei Parkettsteine an. (Würden an E nur zwei Parkettsteine angrenzen, so wäre der Innenwinkel bei E gleich 180°, also wäre E gar keine „Ecke" des n-Ecks.) Da der Innenwinkel der Parkettsteine aber **größer** als 120° ist, kann man bei E nicht drei oder mehr als drei Parkettsteine ohne Überlappung zusammenfügen.

Diese Überlegung zwingt uns zu der Einsicht, daß es für $n > 6$ kein reguläres Parkett gibt, und damit ist der Satz bewiesen.

*

Wenn wir weitere Parketts aus kongruenten Parkettsteinen erhalten wollen, müssen wir also nichtreguläre n-Ecke betrachten. Wir stellen uns folgende Frage: Für welche (potentiellen) Parkettsteine P gibt es ein Parkett, in dem sämtliche Parkettsteine kongruent zu P sind? Mit anderen Worten: Gibt es ein Parkett, in dem alle Steine ‚gleich' P sind? Ein solches Parkett nennen wir **einfach**, oder auch **P-einfach**.

Beispiel: Schon kleine Kinder können ein Parkett aus Parallelogrammen legen.

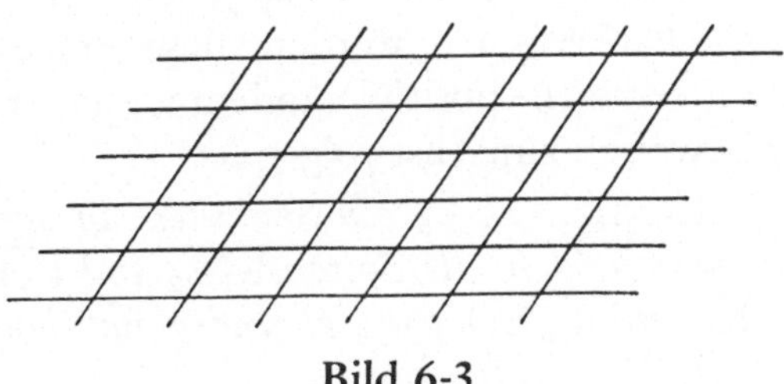

Bild 6-3

Mit Hilfe des oben definierten Begriffs können wir diese Beobachtung folgendermaßen formulieren: Ist $\mathscr{P}$ ein Parallelogramm, so existiert ein einfaches $\mathscr{P}$-Parkett.

Diese scheinbar unschuldige Tatsache hat eine interessante Folgerung: *Für ein beliebiges Dreieck $\mathscr{D}$ existiert ein Parkett, bei dem alle Parkettsteine kongruent zu $\mathscr{D}$ sind, also ein einfaches $\mathscr{D}$-Parkett.*

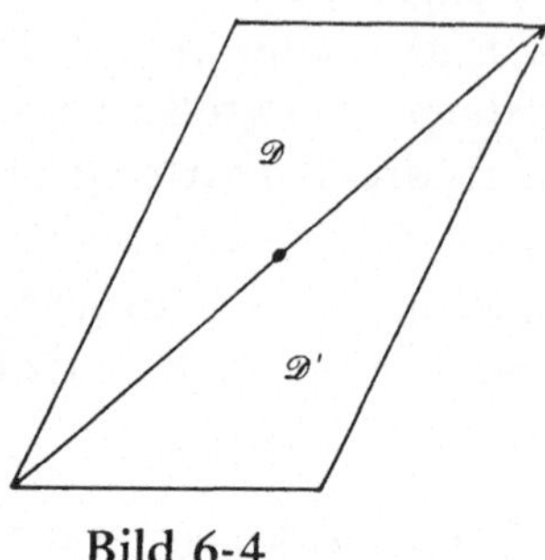

Bild 6-4

Das folgt so: Man nehme das Dreieck $\mathscr{D}$ und drehe es um 180° um den Mittelpunkt einer Seite. Man fasse das so erhaltene Dreieck $\mathscr{D}'$ mit $\mathscr{D}$ zusammen – und erhält ein Parallelogramm $\mathscr{P}$. Da $\mathscr{D}'$ und $\mathscr{D}$ kongruent sind und da ja ein einfaches $\mathscr{P}$-Parkett existiert, ergibt sich auch die Existenz eines einfachen $\mathscr{D}$-Parketts.

*

Wie sieht's bei Vierecken aus? Gibt es zu jedem beliebigen Viereck $\mathscr{V}$ ein einfaches $\mathscr{V}$-Parkett? Wir werden diese Frage beantworten (es sei jetzt schon verraten: positiv!), indem wir einen kleinen Umweg gehen. Wir beweisen zunächst folgenden

Hilfssatz. *Sei $\mathscr{S} = E_1, E_2, \ldots, E_6$ ein Sechseck, in dem je zwei gegenüberliegende Seiten (d.h. die Seiten $\overline{E_1E_2}$ und $\overline{E_4E_5}$, $\overline{E_2E_3}$ und $\overline{E_5E_6}$, bzw. $\overline{E_3E_4}$ und $\overline{E_6E_1}$) parallel und gleich lang sind. Dann gibt es ein einfaches $\mathscr{S}$-Parkett.*

Beweis. Zunächst betrachten wir eine Verschiebung von $\mathcal{S}$ derart, daß das neue Sechseck $\mathcal{S}'$ mit seiner Seite $\overline{E_1' E_2'}$ an die Seite $\overline{E_4 E_5}$ zu liegen kommt. (Nach Voraussetzung sind diese Seiten ja kongruent, sie passen also zueinander.)

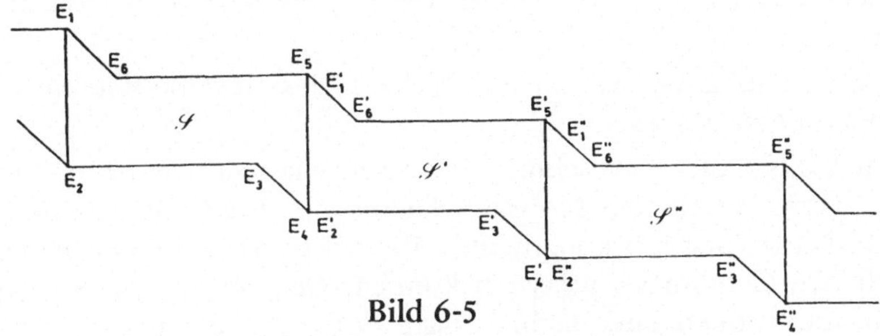

Bild 6-5

Nun verschieben wir $\mathcal{S}'$ und erhalten ein Sechseck $\mathcal{S}''$ derart, daß die Seite $\overline{E_1'' E_2''}$ mit der Seite $\overline{E_4' E_5'}$ übereinstimmt.

Da nach Voraussetzung die Seiten $\overline{E_1 E_2}$, $\overline{E_1' E_2'} = \overline{E_4 E_5}$, $\overline{E_1'' E_2''} = \overline{E_4' E_5'}$ parallel sind, können wir diesen Prozeß immer weiter fortsetzen. Wir erhalten so einen unendlich langen Streifen aus Sechsecken, die alle kongruent zu $\mathcal{S}$ sind.

Nun verschieben wir $\mathcal{S}$ in eine andere Richtung, und zwar so, daß das verschobene Sechseck $\mathcal{S}^*$ mit seinen Seiten $\overline{E_1^* E_6^*}$ und $\overline{E_6^* E_5^*}$ genau an die Seiten $\overline{E_3 E_4}$ und $\overline{E_2' E_3'}$ paßt.

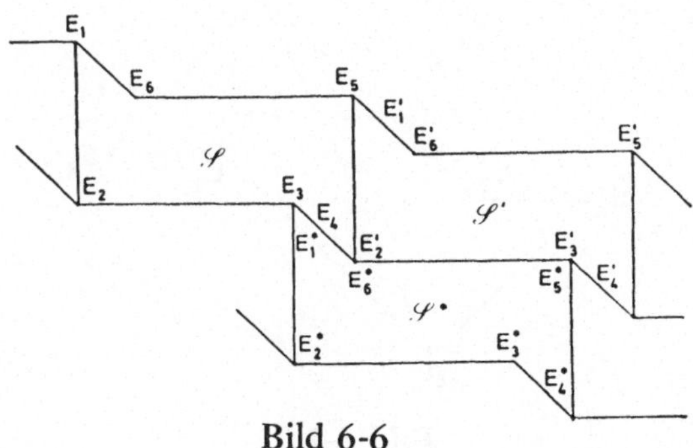

Bild 6-6

Und genau so, wie wir vorher $\mathscr{S}$ durch Verschieben zu einem Streifen erweitert haben, so setzen wir jetzt $\mathscr{S}^*$ zu einem Streifen fort, der dicht an dem ersten Streifen anliegt.

Diese beiden Streifen benutzen wir nun als ‚Riesenbausteine', um unser Parkett zu erhalten: Der dritte Streifen entsteht durch Verschieben des ersten, der vierte durch Verschieben des zweiten, usw.

Insgesamt erhalten wir so ein Parkett, dessen Parkettsteine alle kongruent zu $\mathscr{S}$ sind.

Zum Schluß dieses Abschnitts beweisen wir nun den schon angekündigten, überraschenden Satz. Dieser garantiert Ihnen, daß Sie Ihren Gartenweg mit kongruenten Vierecken nach Ihrem ganz persönlichen Geschmack pflastern können. Ganz gleich, ob Sie dem Kubismus frönen oder mehr bizarre Formen bevorzugen – in jedem Fall gibt es eine Pflasterung mit Ihrem Lieblingsviereck!

Satz. *Sei $\mathscr{V}$ ein beliebiges Viereck. Dann existiert ein einfaches $\mathscr{V}$-Parkett.*

Beweis. Sei $\mathscr{V} = E_1, E_2, E_3, E_4$. Wir drehen $\mathscr{V}$ um 180° um den Mittelpunkt M der Seite $\overline{E_1 E_4}$ und erhalten das Viereck $\mathscr{V}'$.

Offenbar bilden $\mathscr{V}$ und $\mathscr{V}'$ zusammen ein Sechseck

$$\mathscr{S} = E_1, E_2, E_3, E_4, E_5, E_6.$$

Wir behaupten: $\mathscr{S}$ genügt den Voraussetzungen des obigen Hilfssatzes.

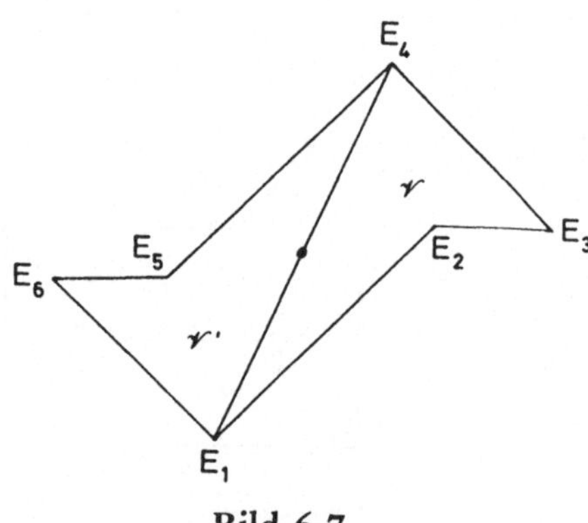

Bild 6-7

Dies ist klar: Da die Vierecke

$$\mathscr{V} = E_1, E_2, E_3, E_4 \text{ und } \mathscr{V}' = E_4, E_5, E_6, E_1$$

kongruent sind, sind insbesondere die Seiten

$$\overline{E_1 E_2} \text{ und } \overline{E_4 E_5}, \overline{E_2 E_3} \text{ und } \overline{E_5 E_6} \text{ sowie } \overline{E_3 E_4} \text{ und } \overline{E_6 E_1}$$

gleich lang.

Da bei einer Drehung um 180° jede Strecke in eine zu ihr parallele übergeführt wird, sind die obigen Paare von Seiten auch parallel.

Damit sind alle Voraussetzungen des Hilfssatzes erfüllt. Dieser sagt uns nun, daß ein einfaches $\mathscr{S}$-Parkett existiert. Nun unterteilen wir jedes einzelne Sechseck dieser Parketts gemäß obiger Idee in zwei Vierecke, die beide kongruent zu $\mathscr{V}$ sind.

Und siehe da: In dem so erhaltenen Parkett ist jeder Parkettstein kongruent zu $\mathscr{V}$; wir haben also unser gewünschtes $\mathscr{V}$-Parkett gefunden.

7
Toto spielen mit System
oder
Wie verliere ich beim Wetten möglichst wenig?

Wer beim (Fußball-)Toto sein Geld einsetzt, möchte (möglichst viel) Geld gewinnen. Dazu muß man die Resultate möglichst vieler der von der Totogesellschaft ausgewählten Spiele richtig vorhersagen (1 = Sieg der Heimmannschaft, 2 = Auswärtssieg, 0 = Unentschieden). Am besten ist es natürlich, **alle** Spiele richtig vorhergesagt zu haben (in Deutschland muß man zur Zeit 11 Ergebnisse tippen). Man gewinnt aber in der Regel noch etwas, wenn man nur ein Spiel falsch getippt hat. Manchmal gibt es besonders unerwartete Spielausgänge, z. B. am ersten Spieltag oder im Karneval, wenn die Mannschaften verrückt spielen; unter solchen Umständen wird auch noch für den **3. Rang** (= Tippreihen mit zwei Fehlern) ein erwähnenswerter Betrag ausgeschüttet.

*

Jeden Freitag steht der Totospieler vor dem Problem: Was soll ich tippen? Wird sich die Eintracht zu Hause gegen den Club durchsetzen? Schaffen die Geißböcke in Bochum ein Unentschieden? Gehen die Mönche bei der Hertha baden? Man kann sich bei der Beantwortung dieser Fragen natürlich auf seine fußballerischen Kenntnisse verlassen – und wird dann fast immer enttäuscht werden. (Darin liegt ja gerade der Reiz des Wettens!) Aus diesem Grund haben findige Spieler schon immer versucht ‚mit System' zu spielen; das heißt, eine ganze Menge von Tippreihen abzugeben und diese Tippreihen so auszuwählen, daß man gegen Überraschungen möglichst gefeit ist.

Zum Beispiel kann man so vorgehen: Über den Ausgang von 7 Spielen glaubt man sich sicher; für diese Spiele tippt man in jeder Tippreihe denselben Ausgang (man setzt 7 **Bänke**). Für die restlichen 4 Spiele gibt man **alle** Möglichkeiten an. Wieviele solche Möglichkeiten gibt es? Nun, für jedes Spiel hat man drei Möglichkeiten (nämlich 0, 1 und 2); für 4 Spiele muß man also $3 \cdot 3 \cdot 3 \cdot 3 = 81$ Tippreihen verwenden (und bezahlen!). Das ist ein ziemlich teures System: Es garantiert zwar einen **1. Rang** (= 11 Richtige), **aber nur, wenn alle 7 Bänke stimmen** – und wer jemals Toto gespielt hat, weiß, wie leicht eine von 7 Bänken umfällt.

Wieviel Geld muß man überhaupt einsetzen, wenn man einen 1. Rang garantiert haben möchte? Dazu muß man ‚nur' alle $3 \cdot 3 \cdot 3 \cdot 3 \cdot 3 \cdot 3 \cdot 3 \cdot 3 \cdot 3 \cdot 3 \cdot 3 = 177\,147$ möglichen Tippreihen abgeben. Da jede Tippreihe etwa eine Mark kostet, und da der durchschnittliche Gewinne für einen 11er bei höchstens 4 000 DM liegt, ist klar, daß sich dieses System nicht lohnt.

Wir wollen hier ein wesentlich günstigeres System diskutieren. Die wichtigste Erkenntnis, von der wir ausgehen wollen, ist dabei die folgende:

Versuche nicht, alle 11 Spiele garantiert richtig zu haben, sondern begnüge dich mit Garantien für 10 oder auch nur 9 Richtige!

Denn einen 1. Rang kann man eben nur mit dem viel zu teuren „Vollsystem" garantieren, das wir gerade besprochen haben.

*

Warum ist es besser, sich mit dem 2. Rang zufrieden zu geben? Um das ganz deutlich zu erkennen, wollen wir uns ein Beispiel ansehen. Um dieses übersichtlich zu gestalten, beschränken wir uns zunächst darauf, nur 4 Spiele zu tippen. (Keine Angst, später werden wir sehen, daß dieses System sich auch für die 11er Wette bezahlt macht.)

Wir wählen als eine unserer Tippreihen 0000. Sollte der tatsächliche Spielausgang auch 0000 sein, so haben wir einen 1. Rang. Unterscheidet sich aber der Spielausgang nur ein wenig von 0000, ist er nämlich 0001, 0002, 0010, 0020, 0100, 0200, 1000 oder 2000, so haben wir immer noch einen 2. Rang.

Das ist bereits das ganze Geheimnis: Wenn man nur eine Garantie für den 2. Rang möchte, **so „überdeckt" jeder Tip eine ganze Reihe möglicher Spielausgänge!**

Nun fragt sich der neunmalkluge Mathematiker natürlich sofort: Kann man auch ausrechnen, **wieviele** Spielausgänge von einem Tip überdeckt werden? In unserem Beispiel sind es genau 9. Ist das immer so? Das kann man sich einfach überlegen: Betrachten wir einen Tip, nennen wir ihn abcd. Wie sehen die Spielausgänge aus, die von abcd überdeckt werden? Ein solcher Spielausgang unterscheidet sich an nur einer Stelle von abcd. Beispielsweise fängt er abc an, und die letzte Stelle ist eine von d verschiedene Zahl. Da insgesamt für das vierte Spiel nur 3 Ausgänge möglich sind (nämlich 0, 1 oder 2), haben wir für die letzte Stelle genau zwei Möglichkeiten – wenn sich der Spielausgang überhaupt von abcd unterscheidet. Entsprechend gibt es auch genau zwei Möglichkeiten, um an der dritten, zweiten oder ersten Stelle etwas zu ändern. Also haben wir genau $4 \cdot 2 = 8$ von abcd verschiedene Spielausgänge, die von abcd überdeckt werden. Da jeder Tip aber auch sich selbst überdeckt, werden insgesamt genau 9 mögliche Spielausgänge von abcd überdeckt.

Bisher haben wir uns nur mit einem einzelnen Tip beschäftigt. Wir wollen aber ein **System von Tips** haben, das uns (bei 4 Spielen) einen 2. Rang garantiert. Dazu ist es sinnvoll, sich als nächstes zu überlegen, wieviele Tips man für ein solches System braucht. Das ist nicht schwer: Bei 4 Spielen gibt es genau $3 \cdot 3 \cdot 3 \cdot 3 = 81$ mögliche Spielausgänge. Jeder Tip überdeckt genau 9 Spielausgänge (das haben wir uns im vorigen Abschnitt überlegt). Um alle möglichen Spielausgänge abzudecken, brauchen wir also mindestens $81 : 9 = 9$ Tips. (Wenn alle möglichen Spielausgänge „überdeckt" sind, dann gibt es zu jedem Spielausgang einen Tip, der sich von dem Spielausgang an höchstens einer Stelle unterscheidet. Dann haben wir aber in jedem Fall einen Tip mit 3 Richtigen, ganz egal, wie die Fußballer tatsächlich spielen. Mit anderen Worten: Wir haben dann ein System, das uns einen 2. Rang garantiert.)

Wir werden im folgenden ein System kontruieren, das **mit genau 9 Tips auskommt**. Dazu noch eine wichtige Vorüberlegung: Wenn wir nur 9 Tips verwenden wollen, so darf kein einziger Spielausgang von mehr als einem Tip überdeckt werden. Das bedeutet aber, daß sich je zwei unserer Tips an mindestens drei Stellen unterscheiden müssen. (Denn wenn man zum Beispiel 0000 und 0012 tippt, so würden die Spielausgänge 0010 und 0002 von beiden Tips überdeckt werden.) Unterscheiden sich zwei Tips an genau 3 Stellen, so sagen wir auch, sie haben den **Abstand 3**.

Wir suchen nun **9 Tips, von denen je zwei den Abstand 3 haben**. (Für unser Problem würde es genügen, 9 Tips zu finden, unter denen sich je zwei an *mindestens* 3 Stellen unterscheiden. Es wird sich jedoch zeigen, daß es sogar 9 Tips gibt, von denen je zwei *genau* den Abstand 3 haben – und es erleichtert die Suche beträchtlich, wenn man von Anfang an ein System mit der ‚richtigen' Eigenschaft anpeilt.)

Wir wollen z.B. den Tip 0000 in unserem System haben. Von diesem Tip haben 0111 und 0222 den Abstand 3, und auch diese beiden Tips unterscheiden sich an genau drei Stellen.

Der Leser mache sich klar, welche potentiellen Spielausgänge durch diese drei Tips bereits abgedeckt sind.

Um unser System zu vervollständigen, schreiben wir im nächsten Schritt diejenigen Tips auf, die sowohl von 0000 als auch von 0111 als auch von 0222 den Abstand 3 haben. Wie sieht ein solcher Tip aus? (Nennen wir ihn wieder abcd.) Damit er von 0000 den Abstand 3 hat, müssen genau drei der Zahlen a, b, c, d verschieden von Null sein.

Nun behaupten wir $a \neq 0$. Zum Beweis dieser Tatsache nehmen wir das Gegenteil, also $a = 0$ an. Gerade eben haben wir bemerkt, daß drei der Zahlen a, b, c, d ungleich Null sein müssen. Da nun schon $a = 0$ ist, folgt $b, c, d \neq 0$. Jede der Zahlen b, c, d ist also 1 oder 2.

Nun unterscheiden wir zwei Möglichkeiten:

1. Ist eine der Zahlen b, c, d gleich 1, so hat abcd = 0bcd nicht den Abstand 3 von 0111: ein Widerspruch.

2. Jede der Zahlen b, c, d ist gleich 2. Das heißt: abcd = 0222. Unser neuer Tip sollte aber von den bisher gewählten, insbesondere also von 0222 verschieden sein. Auch in diesem Fall ergibt sich ein Widerspruch. Damit ist die Behauptung bewiesen.

Sei nun zunächst a = 1. Eine der Zahlen b, c, d muß dann gleich Null sein. Sei z.B. b = 0. Damit 10cd (= abcd) den Abstand 3 von 0111 hat, muß eine der Zahlen c, d gleich 1 sein. (Sonst würden sich 10cd und 0111 an allen vier Stellen unterscheiden; das wollen wir aber nicht haben.) Die andere der beiden Zahlen c, d muß dann 2 sein. Daher gibt es für a = 1 und b = 0 nur die beiden Möglichkeiten abcd = 1012 und abcd = 1021.

Spielt man die anderen Fälle durch (der Leser ist aufgefordert, das zu kontrollieren!), so sieht man: Die Tips, die von 0000, 0111 und 0222 den Abstand 3 haben, sind genau die folgenden:

1012	2012
1021	2021
1102	2102
1201	2201
1120	2120
1210	2210.

Nun ist es keine Kunst mehr, aus diesen 12 Tips noch die 6 herauszufinden, die unser System vervollständigen: Man wählt sich z.B. den Tip 1012 und sucht dann aus obiger 12er Liste diejenigen Tips heraus, die von 1012 den Abstand 3 haben. Das sind die folgenden:

1102, 1201, 1120, 2021, 2102, 2210.

Jetzt haben wir aber 10 Tips, nämlich 0000, 0111, 0222, sowie 1012 und die 6 obigen. Man findet aber das schwarze Schaf schnell heraus: 1102 hat zu keinem der restlichen 5 Tips aus der 6er Liste den Abstand 3.

Unser System kann somit nur wie folgt aussehen:

0000	1012	2021
0111	1120	2102
0222	1201	2210.

Man kann sich nun leicht überzeugen, daß dieses System aus 9 Tips (beim Toto mit 4 Spielen) wirklich eine Garantie für den 2. Rang bietet: Je zwei Tips aus diesem System haben den Abstand 3. Das bedeutet, daß kein Spielausgang von zweien dieser Tips überdeckt wird. Also überdecken diese 9 Tips insgesamt genau $9 \cdot 9 = 81$ Spielausgänge. Da es insgesamt nur **3 · 3 · 3 · 3** = 81 mögliche Spielausgänge gibt, werden **alle** Spielausgänge von unseren 9 Tips überdeckt. Mit anderen Worten: Jeder mögliche Spielausgang ist entweder ein Tip unseres Systems (und wir sind sogar im 1. Rang) oder unterscheidet sich von einem der 9 Tips nur an einer Stelle. Das heißt aber nichts anderes, als daß dieses System einen 2. Rang garantiert.

Dieses wichtige System, das wir gleich noch weiter verwenden werden, kürzen wir mit **S** ab.

*

Vermutlich ist selbst der geneigte Leser schon seit einiger Zeit unruhig auf seinem Stuhl hin- und hergerutscht und wird spätestens an dieser Stelle mit Recht einwenden: Ein System, das den 2. Rang garantiert, ist ja schön und gut – aber bei nur vier Spielen ist das doch ziemlich dürftig. Was man braucht ist schließlich ein System für 11 Spiele!

Dieser Einwand ist vollkommen berechtigt, und wir beeilen uns, dem Leser ein Sysem für die 11er Wette vorzustellen, das wenigstens einen 3. Rang garantiert.

Man wähle zunächst drei Spiele aus, deren Ausgang einem klar zu sein scheint. Denkt man beispielsweise: Im ersten Spiel gewinnt bestimmt die Heimmannschaft, im zweiten Spiel wird sich die Auswärtsmannschaft sicher durchsetzen und im dritten Spiel werden sich die Mannschaften mit Sicherheit unentschieden trennen, so tippt man für diese Spiele stets 120. Man setzt also drei Bänke.

(Hier kann – und muß! – der Totospieler seine fußballerischen Kenntnisse einsetzen und braucht sich nicht auf ein mehr oder weniger geheimnisvolles ‚System' zu verlassen.)

Die restlichen 8 Spiele werden in zwei Gruppen zu je vier aufgeteilt. In jeder Gruppe wird das obige System **S** getippt, und zwar tippt man in der einen Gruppe unabhängig von der anderen. Das heißt: Jeder Tip aus **S** in der ersten Gruppe wird mit jedem Tip aus **S** in der zweiten Gruppe kombiniert: Man braucht also insgesamt $9 \cdot 9 = 81$ Tips, die (auf den 8 Spielen) wie folgt aussehen:

0000 0000, 0000 0111, 0000 0222, ..., 0000 2210,
0111 0000, 0111 0111, 0111 0222, ..., 0111 2210,
...
2210 0000, 2210 0111, 2210 0222, ..., 2210 2210.

Welche Garantie bietet dieses System? Wir behaupten: **Wenn in den drei Bänken nichts schief geht, so haben wir einen garantierten 3. Rang.**

Denn bei jedem möglichen Spielausgang gibt es eine Tippreihe der ersten Gruppe mit höchstens einem Fehler und eine Tippreihe der zweiten Gruppe, die an höchstens einer Stelle vom tatsächlichen Spielausgang abweicht. Die Kombination dieser beiden Tippreihen mit vier Spielen ist ein Tip, in dem bei 8 Spielen höchstens zwei falsch sind. Mit anderen Worten: Wir haben bei 8 Spielen einen garantierten 3. Rang. Das ist die Behauptung.

*

Zum Schluß wollen wir der Ehrlichkeit halber doch noch bekennen, daß dieses System natürlich keinen automatischen Reichtum bedeutet. Zwar sind manchmal die Quoten für den 3. Rang wirklich so hoch, daß sich der Einsatz des obigen Systems lohnt. Gehen die Spiele aber einigermaßen erwartungsgemäß aus, so wird der 3. Rang mitunter gar nicht ausbezahlt. Kurz gesagt: Unser System dient zwar nicht der Gewinnmaximierung, aber doch wenigstens der Verlustminimierung.

8
Irrtum ausgeschlossen oder Computer lesen nach der Ganzwortmethode

„Irren ist **menschlich**" sagt das Sprichwort – und läßt uns dabei vergessen, daß auch **Computer** irren, also solche Maschinen, auf deren Zuverlässigkeit wir Menschen in besonderem Maße angewiesen sind.

*

Eine uns allen bekannte Erfahrung ist die, beim Telefonieren seinen Gesprächspartner nicht oder doch nur unvollständig zu verstehen. Einige Signale werden ‚unterwegs' verschluckt, verstümmelt, überlagert, unkenntlich gemacht. Dies ist ein besonders hautnahes Beispiel für ein ganz allgemeines Phänomen, nämlich das der Störung der Signale bei Datenübertragungen. Dabei denken wir in diesem Zusammenhang nicht an mutwillige, planvolle Eingriffe, sondern an Störungen, die aufgrund irgendwelcher, nicht genau zu berechnender Gegebenheiten auftreten. Typische Beispiele sind maschineninterne Fehler und atmosphärische Störungen. Diese „Irrtümer der Maschine" haben also zufälligen Charakter.

Die Wissenschaft, die sich damit beschäftigt, solcher Irrtümer Herr zu werden, ist die **Codierungstheorie**. Um die grundlegende Methode dieser mathematischen Disziplin zu verstehen, denken wir nochmals an unser Telefonbeispiel zurück. Was macht man, wenn man sich am Telefon nicht versteht? Nun, man wiederholt die relevanten Wörter und Sätze, und in ganz krassen Fällen greift man sogar auf das „Buchstabieralphabet" zurück.

Buchstabier-Alphabete

Deutsch	International
Anton	Amsterdam
Berta	Baltimore
Cäsar	Cassablanca
Dora	Dänemark
Emil	Edison
Friedrich	Florida
Gustav	Gallipolli
Heinrich	Havana
Ida	Italia
Julius	Jerusalem
Kaufmann	Kilogramme
Ludwig	Liverpool
Martha	Madagaskar
Nordpol	New York
Otto	Oslo
Paula	Paris
Quelle	Québec
Richard	Roma
Samuel	Santiago
Theodor	Tripolis
Ulrich	Uppsala
Viktor	Valencia
Wilhelm	Washington
Xanthippe	Xanthippe
Ypsilon	Yokohama
Zacharias	Zürich
Ärger	
Ökonom	
Übel	
Charlotte	
Schule	

Ein weiteres Beispiel für eine solche Fehlerkorrektur finden wir in der deutschen Sprache. Sprachen sind so „redundant", d.h. befördern so viel überschüssige Information, daß man alls vrsteht, auc wnn einge Bchstbn fhln. Selpst wen groppe recktscreib Felr auftren ged dr ßinn nich färlohn.

Diese Eigenschaft der Sprache wird auch von Dichtern ausgenutzt. In den Gedichten von Matthias Koeppel, die unter dem Titel „Starckdeutsch" erschienen sind, stimmt fast kein Buchstabe. Trotzdem kann der Sinn (hinter dem sich manchmal Banales, mitunter aber auch starker Tobak verbirgt) stets eindeutig rekonstruiert werden. Manches Buchstabenkonglomerat erschließt sich allerdings erst, wenn man einige Zeilen weiter gelesen hat. Ich empfehle Ihnen, den Genuß des folgenden Leckerbissens durch langsames (und lautes) Lesen zu maximieren.

Vüdeorr

Arpendtruhh, – monn sützzt darheimi.
S luiffdt ümm Zatt Dö aFF n Kreimi.
Arr äRR Döö dutt'z eubartrompffn
mütt Jauochimm Kaulenkompffn.
Wöhrind sü mm Kreimi murrdn,
üßßt drr Kauli uffgezuichnit wurrdn
uff drr Vüdeorr-Kassottn,
di wür pfrühar nuch nöcht hottn.
Wüll monn dantzn geihn, – süch ammizuren,
dutt monn'z Vüdeorr prograugrammuren.
Duch nunn kimmnt örst diss Praubleimen:
Wonn sull monnz zrr Kanntnüss neihmen,
wosz monn uffgezoichnit hautt?
Murginz hott monn koine Zautt,
arpendtz kimmen nuije Kreimis –
onnuffleußpare Prubleimis.
Ünn dmm Orrckaus moßß monn schuttn
onngesööhen di Kassuttn!

*

Die Redundanz der Sprache, genauer gesagt die Redundanz jedes einzelnen Wortes, ist auch **ein** Aspekt, unter dem man die ,,Ganzwortmethode" beim Lesenlernen betrachten kann. Die Idee dabei ist die, ein Wort nicht von vorne beginnend zu buchstabieren, mit der Gefahr, bei einem unbekannten oder fehlerhaft gelesenen Buchstaben ‚hängenzubleiben', sondern primär das Wort als Ganzes zu sehen, um dann davon ausgehend die einzelnen Buchstaben sicher zu erkennen.[1]

* *
*

Die Idee der Codierungstheorie kann man aus diesen Beispielen ganz gut erkennen: Man darf sich nicht damit begnügen, die reine Nachricht, sozusagen im Telegrammstil, zu senden (sonst ist man Fehlern hoffnungslos ausgeliefert), sondern man muß **mehr** senden, und zwar so, daß die Nachricht (auf die es uns ja allein ankommt) aus dem Kontext, d.h. aus der ‚reinen' Nachricht zusammen mit der ‚Kontrollinformation' rekonstruierbar ist. Ein etwas bescheideneres Ziel ist es, wenigstens zu erkennen, ob die Nachricht fehlerfrei übermittelt wurde oder nicht.

Wie wird diese Idee nun technisch realisiert? Das wollen wir uns zunächst an einem **idealisierten Beispiel** klar machen, um dann einige real existierende ,,Codes" zu betrachten.

*

Stellen wir uns vor, wir wollten eine Nachricht übermitteln. Der Einfachheit halber nehmen wir an, daß wir nur die 16 häufigsten Buchstaben

A, B, C, D, E, G, H, I, L, M, N, O, R, S, T, U

---

1 Der Verfasser erklärt ausdrücklich, daß er diese Beschreibung weder als Argument für noch als Argument gegen die Ganzwortmethode mißbrauchen will; er selbst hat jedenfalls one die Ganwortmetode Lesn nud schriebn gelern.

verwenden. Zunächst stellen wir jeden Buchstaben mittels eines vierstelligen Symbols aus Nullen und Einsen dar. Das heißt:

A	0000	L	1000
B	0001	M	1001
C	0010	N	1010
D	0011	O	1011
E	0100	R	1100
G	0101	S	1101
H	0110	T	1110
I	0111	U	1111.

Was soll nun bedeuten, daß der diese Daten verarbeitende Computer sich **irrt**, oder, wie man auch sagt, daß ein **Fehler** passiert? Das soll heißen, daß bei der Übermittlung dieser Symbolketten ‚zufällig' eine 0 in eine 1 verwandelt wird oder umgekehrt. Geschieht dies wirklich, wird z.B. 0100 in 0000 verwandelt, so liest der Empfänger A statt E. Er hat keinerlei Kontrollmöglichkeit; er muß der (falschen) Botschaft glauben.

Der Empfänger der Nachricht befindet sich in einer wesentlich besseren Situation, wenn der Sender – gemäß unserem oben entwickeltem Programm – nicht nur die viergliedrigen Symbolketten übermittelt, sondern jeden solchen Viererkette noch eine Null oder eine Eins anhängt. Geschieht dies völlig willkürlich, so wird der Nutzen erwartungsgemäß gering sein. Dieses Anhängen eines weiteren Symbols muß also systematisch erfolgen. Üblicherweise geht man dabei folgendermaßen vor:

– Man hängt eine **Null** an, wenn vorher die Anzahl der Einsen **gerade** war;

– man fügt eine **Eins** hinzu, wenn die Anzahl der Einsen bislang **ungerade** war.

Damit wird erreicht, daß nun die **Anzahl der Einsen** in jedem Fall **gerade** ist. Die neuen Symbolketten sehen also folgendermaßen aus:

A	00000	L	10001
B	00011	M	10010
C	00101	N	10100
D	00110	O	10111
E	01001	R	11000
G	01010	S	11011
H	01100	T	11101
I	01111	U	11110.

Passiert nun **ein** Fehler (aber nicht mehr), so wird die Anzahl der Einsen in der gerade übermittelten Fünferkette um 1 erhöht oder um 1 erniedrigt; in beiden Fällen ist die Anzahl der ankommenden Einsen **ungerade**. Der Empfänger wird also die empfangene Symbolkette nicht als korrekte Darstellung eines Buchstabens akzeptieren und konsequenterweise um die Wiederholung der Übertragung nachsuchen. Dies geschieht solange, bis der Empfänger eine korrekt entschlüsselbare Nachricht empfangen hat.

Diese Methode versagt allerdings, wenn **zwei** Fehler auftreten. Wird nämlich an zwei Stellen eine Eins mit einer Null vertauscht, so bleibt die Anzahl der Einsen gerade; folglich kann die Verfälschung der Symbolkette nicht erkannt werden. Will man auch zwei oder noch mehr Fehler erkennen, so muß man auf die ziemlich schwierigen Methoden der „algebraischen Codierungstheorie" zurückgreifen. Treten bei der Übermittlung vergleichsweise kurzer Symbolketten aber häufig zwei oder mehr Fehler auf, so sollte man vor allem einen Kanal mit besseren Übertragungseigenschaften wählen.

Dieses oben beschriebene Verfahren der Fehlererkennung ist effektiv und billig, und ist deshalb auch sehr verbreitet. Zum Beispiel wird die Datenübertragung innerhalb eines Computers nach diesem Muster kontrolliert.

Die Analogie zum Buchstabieralphabet beim Telefonieren ist klar: Erst aufgrund der Kenntnis des ganzen „Worts" entscheidet man sicher über die Korrektheit der einzelnen „Buchstaben". („Wort" steht hier für eine Fünferkette, während die „Buchstaben" die einzelnen Nullen und Einsen sind.)

Man nennt die Darstellung der Buchstaben durch ein solches „fehlererkennendes" Muster auch einen **Code**; das zur Fehlerkontrolle angehängte Symbol wird oft **Prüfziffer** oder **Kontrollziffer** genannt.

*

Solchen Codes begegnen wir in unserem Alltag auf Schritt und Tritt. Sie werden natürlich vor allem dort eingesetzt, wo ein Fehler in der Übertragung von Daten viel Ärger hervorruft bzw. eine Menge Geld kostet.

Stellen wir uns zum Beispiel folgende Situation vor. Herr Huber möchte von seinem Konto Geld abheben. Dies wird ihm auch ausbezahlt, und alles scheint in bester Ordnung zu sein. Aber aus Versehen (?) wird irgendwo eine Ziffer seiner Kontonummer verändert – mit dem Effekt, daß das Geld nicht von seinem, sondern vielleicht von meinem Konto abgebucht wird. Um dieser (für mich) sehr unangenehmen Situation einen Riegel vorzuschieben, haben die Banken seit einigen Jahren Prüfziffern für die Kontonummern eingeführt.

A. Kontonummern

Eine Kontonummer besteht aus einer Reihe von Ziffern und der **Prüfziffer** P, die als letzte Ziffer der vollständigen Kontonummer erscheint. Bei vielen Banken wird diese Prüfziffer nach folgendem Muster berechnet.

Kontonummer ohne Prüfziffer:	1	8	9	8	2	8	0	1
Gewichtung:	1	2	1	2	1	2	1	2
Produkte (Ziffer + Gewicht):	1	16	9	16	2	16	0	2
Quersummen dieser Produkte:	1	7	9	7	2	7	0	2

Als Summe S dieser Quersummen ergibt sich

$$S = 1 + 7 + 9 + 7 + 2 + 7 + 0 + 2 = 35.$$

Die Prüfziffer P wird nun so bestimmt, daß S + P eine Zehnerzahl ist. In unserem konkreten Fall ist also P = 5, und die vollständige Kontonummer lautet 189 828 015.

*

Welchen Vorteil bietet uns nun diese Prüfziffer? Das Ziel war ja, korrekte Buchungen zu garantieren. Wenn Herr Huber von seinem Konto Geld abheben möchte, so tippt die Bankangestellte seine Kontonummer ein. Vertippt sie sich, so würde sein Geld von einem anderen Konto abgebucht werden – wenn, ja, wenn nicht die Prüfziffer als mein guter Dämon darüber wachen würde, daß dies nicht passiert!

Sobald nämlich die Kontonummer eingetippt ist, berechnet ein Kleincomputer für diese Ziffernfolge wie oben die Zahl S + P. Nun kommt die Hauptsache: Die eingetippte Ziffernfolge wird nur dann als Kontonummer akzeptiert, **wenn** S + P **eine Zehnerzahl** ist. Das Erstaunliche ist nun, daß man mit diesem ganz einfachen Verfahren gegen zwei sehr häufige Fehler gefeit ist.

1. Das Einlesen einer falschen Ziffer wird bemerkt. Wird zum Beispiel statt obiger Kontonummer die Ziffernfolge 139 828 015 eingelesen, so ergibt sich S + P = 39, mit der Konsequenz, daß der Auszahlungsvorgang gestoppt wird.

2. Die Vertauschung zweier aufeinanderfolgender Ziffern wird bemerkt. (Dies ist bekanntlich gerade im Deutschen ein besonders beliebter Fehler: Man sagt ‚neunundachtzig' und schreibt konsequenterweise ‚98'.) Wenn aber die Bankangestellte statt unserer korrekten Nummer die Folge **198** 828 015 einliest, so berechnet der Computer S + P = 41, und auch in diesem Fall erhält Herr Huber sein(?) Geld nicht.

Der Leser möge sich klar machen, daß bei jeder beliebigen Kontonummer

1. das Einlesen einer falschen Ziffer, und
2. die Vertauschung von je zwei aufeinanderfolgenden Ziffern

erkannt wird – es sei denn, diese Ziffern sind 0 und 9.

Wie schon gesagt, ist das obige System (das wir **System 1** nennen wollen) nicht das einzige. Zwei weitere seien hier zur Diskussion gestellt.

System 2.

Kontonummer ohne Prüfziffer:	1	8	9	8	2	8	0	1
Gewichtung:	1	3	1	3	1	3	1	3
Produkte:	1	24	9	24	2	24	0	3
Quersummen:	1	6	9	6	2	6	0	3

Summe S dieser Quersummen:

$$S = 1 + 6 + 9 + 6 + 2 + 6 + 0 + 3 = 33.$$

Die Prüfziffer ergibt sich, indem man S zur nächsten Zehnerzahl ergänzt; also P = 7.

System 3.

Kontonummer ohne Prüfziffer:	1	8	9	8	2	8	0	1
Gewichtung:	1	3	1	3	1	3	1	3
Produkte:	1	24	9	24	2	24	0	3

Summe S dieser Produkte:

$$S = 1 + 24 + 9 + 24 + 2 + 24 + 0 + 3 = 87.$$

Wieder ergibt sich P durch Ergänzen zur nächsten Zehnerzahl, also P = 3.

Der ehrgeizige Leser möge sich nun in die Lage eines Bankdirektors versetzen, der sich für die Einführung eines der Systeme 1, 2 oder 3 entscheiden muß. Welches würden Sie wählen?

Wir wollen diesen Abschnitt nicht beenden, ohne zu erwähnen, daß auch die Lokomotivennummern der Deutschen Bundesbahn mit einer Prüfziffer gesichert werden – und zwar mit einem System, das völlig analog zu unserem System 1 aufgebaut ist. Wie bitte? Sie glauben das nicht? – Bitteschön: die folgenden Fotos werden Sie eines Besseren belehren!

Bild 8-1

Bild 8-2

B. Der ISBN-Code

Seit 1973 kennzeichnen viele Verlage ihre Bücher mit einer **Inter**nationalen **S**tandard **B**uch **N**ummer. Beispielsweise hat das Buch „Mathemagische Tricks“ von Martin Gardner die ISBN 3-528-08439-1). Jede ISBN hat vier Teile. Der erste Teil (der aus einer oder zwei Ziffern besteht) bezeichnet das Land oder die Sprachregion des Verlags. Zum Besipiel steht 0 und 1 für englischsprachige, 2 für französischsprachige und 3 für deutschsprachige Verlage; 90 wird für Verlage aus den Niederlanden und 88 für italienische Verlage verwendet. Die nächste Gruppe (von mindestens drei Ziffern) dient dazu, den Verlag (in unserem Fall also den Vieweg Verlag) zu identifizieren. Die darauffolgende Zifferngruppe stellt die verlagsinterne Bezeichnung des Buches dar (sie ist also das, was man früher die Bestellnummer genannt hat). Die letzte Gruppe schließlich, die stets aus nur einem Symbol besteht, ist (wer hätte es anders gedacht?) eine Prüfziffer. Diese wird aus den übrigen Daten auf folgende Weise bestimmt:

Jede ISBN hat genau 10 Ziffern; diese seien

$$z_{10}, z_9, \ldots, z_2, z_1.$$

Die letzte Ziffer z_1 ist also die Prüfziffer. Diese wird so berechnet, daß die Zahl

$$10 \cdot z_{10} + 9 \cdot z_9 + \ldots + 2 \cdot z_2 + 1 \cdot z_1$$

eine 11er Zahl ist. Konkret geht man so vor: Zuerst bestimmt man

$$S = 10 \cdot z_{10} + 9 \cdot z_9 + \ldots + 2 \cdot z_2$$

und stellt dann diejenige Ziffer z_1 fest, die S zur nächsten 11er Zahl ergänzt.

Diese Prüfziffer z_1 kann also 0 sein (wenn S selbst eine 11er Zahl ist), sie kann gleich 1 sein, gleich 2, ..., oder gleich 9 – oder gleich 10 (zum Beispiel, wenn S = 210 ist). Was macht man aber, wenn sich $z_1 = 10$ ergibt, wo man doch Platz für nur eine Prüfziffer hat? – Dann schreibt man an die Stelle von z_1 einfach **X** (man benutzt also das römische Zeichen für 10). Tatsächlich hat ungefähr jede elfte ISBN als letzte Ziffer ein X.

Als mißtrauischer Leser sollten Sie nun an wenigstens einem Ihrer Bücher nachprüfen, ob dessen ISBN richtig berechnet wurde.

*

Diese ISBN-Codierung hat denkbar günstige Eigenschaften. Sie ist den vorher besprochenen Kontonummerncodes deutlich überlegen.

1. *Jedes falsche Einlesen einer Ziffer wird bemerkt.*
2. *Jede Vertauschung von zwei beliebigen Ziffern wird bemerkt.*

Machen wir uns die zweite Aussage klar: Angenommen, beim Einlesen der korrekten ISBN

$$z_{10}, z_9, z_8, \ldots, z_2, z_1$$

werden die beiden Ziffern z_{10} und z_9 vertauscht. Das heißt, es wird die Ziffernfolge

$$z_9, z_{10}, z_8, \ldots, z_2, z_1$$

übermittelt. Diese Ziffernfolge ist nur dann eine „zulässige" ISBN (ist also höchstens dann die Bezeichnung für ein wirkliches Buch), wenn die Zahl

$$10 \cdot z_9 + 9 \cdot z_{10} + 8 \cdot z_8 + \ldots + 2 \cdot z_2 + 1 \cdot z_1$$

eine 11er Zahl ist. Ist dies möglich? Um darauf eine Antwort zu erhalten, müssen wir bedenken, daß wir ja von einer zulässigen ISBN ausgegangen sind. Daher wissen wir, daß jedenfalls die Zahl

$$10 \cdot z_{10} + 9 \cdot z_9 + 8 \cdot z_8 + \ldots + 2 \cdot z_2 + 1 \cdot z_1$$

eine 11er Zahl ist. Wenn nun die fälschlich eingegebene Ziffernfolge eine ISBN wäre, so wäre auch die erste Summe eine 11er Zahl. Dann könnten wir die beiden 11er Zahlen voneinander abziehen und erhielten

$$z_9 - z_{10}.$$

Es ist klar, daß diese Zahl als Differenz zweier 11er Zahlen wieder ein Vielfaches von 11 ist. (Die Zahl könnte negativ sein, also −11, −22, usw., oder vielleicht auch 0; das soll uns im Augenblick noch nicht beschäftigen.)

Als nächstes überlegen wir uns, wie groß $z_9 - z_{10}$ sein muß, und wie groß diese Zahl sein darf. Da z_9 und z_{10} Zahlen zwischen 0 und 9 sind, ist $Z_9 - Z_{10}$ höchstens gleich 9. Ebenso ergibt sich aber, daß diese Zahl nicht kleiner als -9 sein kann.

Fassen wir zusammen: $Z_9 - Z_{10}$ ist eine 11er Zahl zwischen -9 und $+9$. Das einzige Vielfache von 11 in diesem Bereich ist aber die Zahl 0. Daher ist $Z_9 - Z_{10} = 0$, also $Z_9 = Z_{10}$. Somit hatten die beiden vertauschten Ziffern den gleichen Wert; eine Vertauschung konnte folglich auch beim besten Willen nicht bemerkt werden.

Der Leser ist selbstverständlich wieder aufgefordert, die Eigenschaft 2 des ISBN-Codes für beliebige Vertauschungen (sagen wir der Ziffern Z_5 und Z_1) nachzuweisen. Danach wird es dann ganz leicht sein, sich auch von der Gültigkeit der ersten Eigenschaft zu überzeugen.

Sollten Sie bei Ihrer nächsten Buchbestellung nicht das gewünschte Buch erhalten, so sind Sie jetzt sicher, daß entweder ganz grobe Fehler beim Einlesen der ISBN gemacht wurden (zum Beispiel falsches Einlesen von mindestens zwei Ziffern), oder daß der Fehler auf anderes ‚menschliches Versagen' zurückzuführen ist.

C. Der EAN-Code

Jedem ist beim Einkauf schon der ‚Strichcode' aufgefallen, der vor allem auf Lebensmittelpackungen, aber auch auf der Verpackung anderer Artikel zu finden ist. Dieser Code wurde (selbstverständlich) zu dem Zweck eingeführt, fehleranfälliges und personalintensives manuelles Eintippen von Preisen an den Kassen der Kaufhäuser zu ersetzen durch billiges und sicheres maschinelles Einlesen.

Wir müssen hier zwei Dinge strikt unterscheiden:

1. Die Zuordnung einer **EAN-Nummer** (EAN = Europäische Artikel Numerierung) zu einer Ware. (Die EAN-Nummer ist die 13-stellige Zahl, die unter dem Strichsymbol zu finden ist.)

2. Die Übersetzung dieser Nummer in den maschinenlesbaren Strichcode.

1. Zuerst geben wir das System an, nach dem die 13-stellige EAN-Nummer aufgebaut ist.

Die beiden ersten Ziffern bezeichnen (im Prinzip) das Herstellungsland der bezeichneten Ware. Einige Beispiele:

00 – 09:	USA, Canada	57:	Dänemark
30 – 37:	Frankreich	73:	Schweden
40 – 43:	Bundesrepublik	76:	Schweiz
49:	Japan	80 – 81:	Italien
50:	Großbritannien	87:	Niederlande
54:	Belgien	90 – 91:	Österreich

Die folgenden fünf Ziffern stellen (in der Bundesrepublik Deutschland) die **bundeseinheitliche Betriebsnummer (bbn)** dar, während die darauffolgenden fünf Ziffern die vom Hersteller vergebene individuelle Artikelnummer bilden. Die letzte Ziffer schließlich ist eine Prüfziffer, die gemäß dem oben beschriebenen System 3 berechnet wird, also nach folgendem Muster:

EAN-Nummer ohne Prüfziffer:	4	0	1	2	3	4	5	0	0	3	1	5
Gewichtung:	1	3	1	3	1	3	1	3	1	3	1	3
Produkte:	4	0	1	6	3	12	5	0	0	9	1	15

Als Summe S dieser Produkte ergibt sich

$$S = 4 + 0 + 1 + 6 + 3 + 12 + 5 + 0 + 0 + 9 + 1 + 15 = 56.$$

Die Prüfziffer ist diejenige Zahl P, die S zur nächsten Zehnerzahl ergänzt. In unserem Fall ergibt sich also P = 4, und die vollständige EAN-Nummer lautet 40 12345 00315 4.

Falls Sie das noch nicht gemacht haben sollten, sind Sie nun nochmals eingeladen, sich zu überlegen, ob dieser Code Einlesefehler bzw. Ziffernvertauschungen erkennt.

Wir haben zwar noch nicht erörtert, wie man diese 13-stellige Zahl in den Strichcode übersetzt, wir wollen aber hier schon verraten, daß man bei der EAN-Nummer die Prüfziffer sogar **hören** kann! Wird nämlich ein Strichsymbol maschinell gelesen, so wird als erstes berechnet, ob die Prüfziffer stimmt. Wenn dies der Fall ist, so ertönt ein Piep-Ton. Piept es dagegen nicht, so muß die Kassiererin mit dem Stift nochmals über das Strichsymbol fahren – solange bis es endlich piept. Dann erst hat der Kunde die Garantie, daß ihm der Preis **dieses** Artikels und nicht ein Fantasiepreis berechnet wird.

Tabelle 8-1

Schematische Darstellung der Nutzzeichen

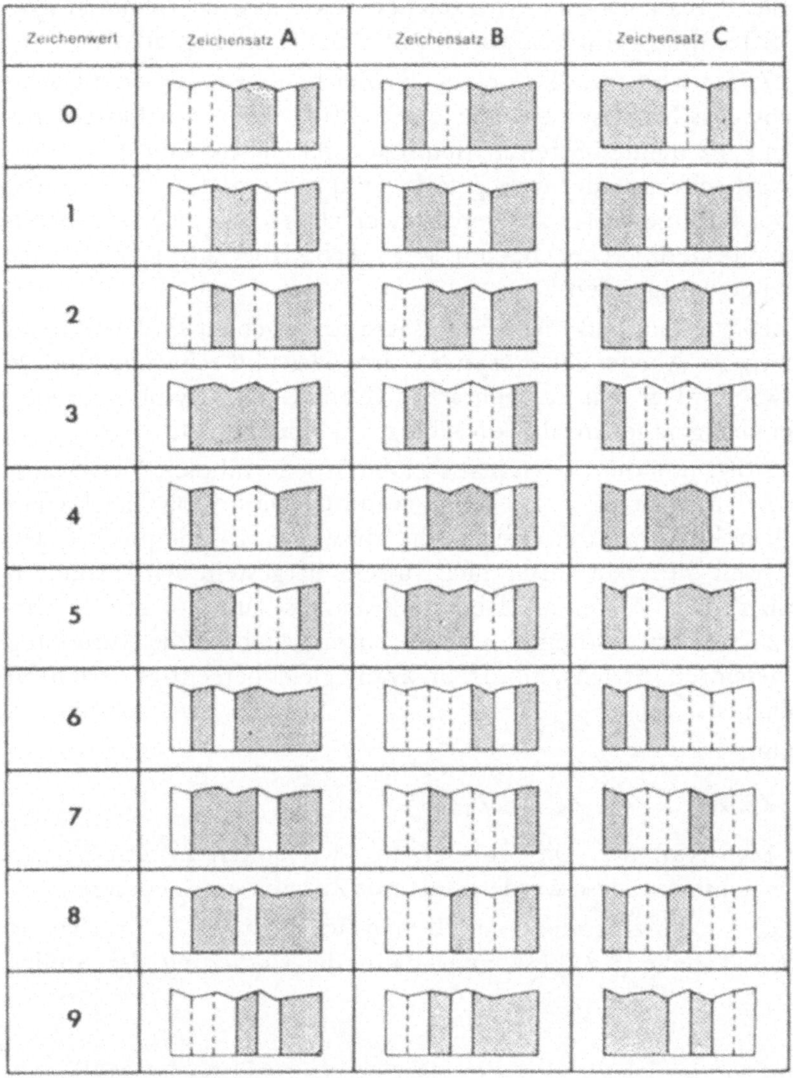

Zeichenwert	Zeichensatz A	Zeichensatz B	Zeichensatz C
0			
1			
2			
3			
4			
5			
6			
7			
8			
9			

Schematische Darstellung der Hilfszeichen

Randzeichen

Trennzeichen

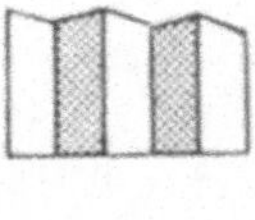

2. Nun wollen wir noch beschreiben, wie die EAN-Nummer in den Strichcode übersetzt wird. Dazu schauen wir uns zunächst die Tabelle 8-1 an. Es gibt **Nutzzeichen** (das sind die Darstellungen von Ziffern) und **Hilfszeichen** (Rand- und Trennzeichen).

Jede Ziffer wird mit Hilfe eines der Zeichensätze A, B oder C dargestellt. Das Strichsymbol, das einer Ziffer entspricht, besteht aus sieben ganz dünnen Streifen, den sogenannten **Modulen**. Jeder Modul wird schwarz oder weiß gefärbt, und zwar so, daß das Zeichensymbol für eine Ziffer aus genau zwei weißen und zwei schwarzen **Balken** besteht. Jeder Balken setzt sich dabei aus 1, 2, 3 oder 4 Modulen zusammen.

Wir beobachten, daß die Zeichensätze so aufgebaut sind, daß beim Zeichensatz A jedes Ziffernsymbol drei oder fünf schwarze Module hat, während in den Zeichensätzen B und C jedes Symbol für eine Ziffer eine gerade Anzahl von schwarzen Modulen hat.

Wie erfolgt nun die Übersetzung in die Strichsymbole? Wann wählt man Zeichensatz A, wann B und wann C? Dies erfolgt nach einer ziemlich komplizierten Regel, die deswegen so kompliziert sein muß, weil die erste Ziffer nicht direkt dargestellt wird, sondern ‚implizit'. Der Vorteil ist dabei, daß man es dann nur mit 12 Ziffern zu tun hat, also einer geraden Anzahl, und so die Aufteilung des gesamten Strichsymbols in zwei ‚gleichberechtigte' Hälften möglich ist.

Sei nun

$$z_1, z_2, \ldots, z_7, z_8, \ldots, z_{13}$$

eine EAN-Nummer. Die Übersetzung der letzten Ziffern $z_8, \ldots, z_{13}$ ist einfach: Diese werden stets mit Zeichensatz C codiert.

Um $z_2, \ldots, z_7$ zu codieren, muß man sich zunächst z_1 anschauen. Gemäß Tabelle 8-2 liest man dann die Codierung der Stellen $2, \ldots, 7$ ab:

Tabelle 8-2

Wert der 1. Stelle Z_1	Die Ziffern $Z_2, \ldots, Z_7$ werden mit folgenden Zeichensätzen codiert:					
	Z_2	Z_3	Z_4	Z_5	Z_6	Z_7
0	A	A	A	A	A	A
1	A	A	B	A	B	B
2	A	A	B	B	A	B
3	A	A	B	B	B	A
4	A	B	A	A	B	B
5	A	B	B	A	A	B
6	A	B	B	B	A	A
7	A	B	A	B	A	B
8	A	B	A	B	B	A
9	A	B	B	A	B	A

Da die EAN-Nummer von in Deutschland hergestellten Produkten stets mit 4 beginnt, wird bei diesen Nummern die zweite Ziffer mit A, die dritte mit B, die beiden nächsten mit A und die Ziffern Z_6 und Z_7 wieder mit B codiert. Man beachte, daß die zweite Ziffer (also die erste Ziffer, die direkt codiert wird) unabhängig vom Wert der ersten Ziffer stets mit Zeichensatz A codiert wird.

Als Übung empfehle ich Ihnen folgendes: Nehmen Sie irgendeine Lebensmittelpackung und versuchen Sie, das EAN-Strichsymbol zu entziffern (nachdem Sie zuvor die ausgeschriebene EAN-Nummer abgedeckt haben!). Viel Erfolg!

Zwischenbemerkung: Auf besonders kleinen Artikeln findet man oft auch eine **8-stellige EAN-Nummer**. Bei diesen wird die Prüfziffer im Prinzip auf dieselbe Weise berechnet; das folgende Beispiel erläutert das Verfahren:

EAN-Nummer ohne Prüfziffer:	4	0	0	2	3	4	5
Gewichtung:	3	1	3	1	3	1	3
Produkte:	12	0	0	2	9	4	15

Summe S = 12 + 0 + 0 + 2 + 9 + 4 + 15 = 42, also P = 8, und die vollständige 8-stellige EAN-Nummer lautet 4002 3458.

Die Umsetzung in das Strichsymbol ist hier einfacher geregelt: Die ersten vier Ziffern werden mit Zeichensatz A, die übrigen vier mit Zeichensatz B codiert.

Bei beiden Typen von EAN-Nummern steht am Anfang und Ende das Randzeichen und in der Mitte das Trennzeichen. Diese Hilfszeichen werden in der Regel durch Balken größerer Länge dargestellt.

Damit wissen wir ‚im Prinzip' alles über den EAN-Code. Nur noch eine letzte Bemerkung. Wir haben gesehen, daß das erste Nutzzeichen mit Zeichensatz A codiert wird, also eine ungerade Anzahl von schwarzen Modulen hat, während jedes Nutzzeichen in der zweiten Hälfte mit einer geraden Anzahl von schwarzen Modulen dargestellt wird. Das bedeutet, daß der an die Kasse angeschlossene Kleincomputer erkennt, ob die erste Hälfte zuerst gelesen wird, oder ob etwa mit der zweiten Hälfte begonnen wurde. Mit anderen Worten: Die Kassiererin braucht nicht aufzupassen, daß sie mit dem Lesestift von vorne über das Strichsymbol streicht; sie kann in beiden Richtungen darüberfahren, und es wird jeweils derselbe Preis ausgedruckt.

* *
*

Alle in diesem Abschnitt betrachteten Codes sind fehler**erkennend**. Das bedeutet: Wenn ein Fehler passiert, wird angezeigt, daß hier etwas nicht stimmt. Die Übertragung muß daraufhin wiederholt werden. (Die Kontonummer wird nochmals eingetippt, die Kassiererin fährt mit ihrem Stift nochmals über das Strichsymbol, etc.)

Es gibt aber auch Situationen, in denen eine Wiederholung der Nachrichtenübertragung entweder sehr aufwendig oder überhaupt nicht möglich ist. In solchen Fällen muß man dann mit sogenannten fehler**korrigierenden** Codes arbeiten. Auch diese Codes sind in der Praxis sehr verbreitet, sie können aber nur mit höherer Mathematik verstanden werden. Zum Beispiel wird die Datenfernübertragung zwischen Computern mit Hilfe solcher Codes kontrolliert.

Das spektakulärste Beispiel ist aber die Übertragung von Planetenfotos zur Erde. Es ist klar, daß in diesem Fall die Nachricht nicht wiederholt werden kann: Wenn die Signale auf der Erde angekommen sind (erst dann können mögliche Fehler entdeckt werden!), ist der Satellit schon tausende von Kilometern vom fotografierten Objekt entfernt. Hier hatte man gar keine Wahl, man mußte fehlerkorrigierende Codes verwenden, um als Resultat die gestochen scharfen Fotos zu erhalten, die Ihnen bestimmt noch in Erinnerung sind.

9
Induktion – ein Zauberstab zur Lösung vieler Probleme

Induktion (manchmal auch „vollständige“ oder „mathematische“ Induktion genannt) ist das mit Abstand wichtigste mathematische Werkzeug. Diese Methode ist die erste, die nicht so unmittelbar einleuchtet wie die elementaren ‚Techniken‘ Zählen, Messen, Sortieren, Erkennen von Symmetrien, usw. Historisch gesehen wurde die Induktion auch erst ziemlich spät entdeckt; besser gesagt: erst relativ spät war ein Bedürfnis vorhanden, diese Methode zu formalisieren.

Doch halt! Induktion ist in Wirklichkeit ganz alt und etwas vom Natürlichsten; es geht nämlich um nichts anderes als um Zählen, sozusagen um ‚Zählen auf höherem Niveau‘.

*

Zuerst wollen wir uns jetzt aber einem Beispiel aus dem täglichen Leben zuwenden:

Mein vierjähriger Sohn Christoph liebt es (wie wahrscheinlich alle Kinder), seine Ferien auf einem Bauernhof zu verbringen. Glücklicherweise betreibt sein Dötle (= Onkel), der am Rande der Schwäbischen Alb lebt, noch immer eine Landwirtschaft. Neben dem Groß- und Kleinvieh bietet für Christoph auch die Scheuer (= Scheune) eine Hauptattraktion, nämlich eine Leiter, die senkrecht bis unters Dach der Scheuer führt. Schon als kleiner Knirps wollte er da hochklettern, aber natürlich haben das seine Rabeneltern strengsten verboten.

Es kam, wie es kommen mußte. Eines Abends bemerkte Christoph betont lässig: „Heute war ich im ersten Stock". Ich ahnte sofort, was das bedeutete, und, nachdem ich meinen Schreck hinuntergeschluckt hatte, fragte ich ihn: „War's eigentlich schwierig?" Ganz fröhlich kam die Antwort „Nee! – Nur unten mußte ich mich ziemlich anstrengen, weil die Leiter nicht auf dem Boden anfängt." In der Tat befindet sich das untere Ende dieser Leiter in etwa 1 m Höhe.

Am nächsten Tag gingen wir zusammen zum Dötle, und Christoph mußte mir sein neues Kunststück vorführen. (Denn abgesehen von meinem Angsttraum eines herunterpurzelnden Christophs war ich natürlich auch stolz auf meinen Sohn.) Als nach einigen Tagen das Klettern in den ersten Stock (oder „Oberdrai", wie man in der dortigen Gegend sagt) zur Routine geworden war, ‚mußte' Christoph auch erforschen, wie es weiter oben aussieht.

Dabei ging er (unter Aufsicht und mit Hilfestellung seines Vaters) so vor: Er konzentrierte sich, und im Nu stand er auf der Leiter – schneller als ich im Falle eines Falles hätte eingreifen können. Dann stieg er ins erste Oberdrai und verschnaufte dort ein bißchen. Danach ging's weiter ins zweite, wo er sich auch nur eine kurze Ruhepause gönnte. Im dritten Stockwerk ruhte er sich eine Zeitlang auf seinen Lorbeeren aus, bevor er den Aufstieg ins vierte und oberste Oberdrai wagte. Als er von dort oben einen Blick hinunter riskierte, wurde es ihm doch ein bißchen unheimlich – obwohl der Aufstieg an sich gar nichts Besonderes war.

Es ist ja auch wirklich ganz erstaunlich, daß man mit einer Abfolge ganz simpler Aktionen (Erklimmen der Leiter und Aufstieg ins erste Oberdrai, Klettern vom ersten ins zweite, vom zweiten ins dritte und vom dritten ins oberste Stockwerk) etwas erreichen kann, was man auf einen Streich nie geschafft hätte.

*

Was hat nun diese Geschichte mit der mathematischen Methode der Induktion zu tun? Um das zu sehen, betrachten wir das Geschehen etwas distanzierter und formalisieren die einzelnen Ereignisse.

Mit A(i) bezeichnen wir die Aussage „Christoph kann ins i-te Oberdrai gelangen".

Christoph will natürlich ganz oben hinauf, ins vierte Oberdrai; mit anderen Worten: es geht darum, die Aussage A(4) zu verifizieren.

Dazu geht Christoph folgendermaßen vor: Zunächst klettert er (mit einigen Anfangsschwierigkeiten) ins erste Oberdrai; es gilt also A(1).

Anschließend muß er sich anstrengen, vom ersten ins zweite, vom zweiten ins dritte und vom dritten ins vierte Stockwerk zu gelangen. Es geht also um die Implikation

Aus A(i) folgt A(i+1) für $1 \leqq i < 4$.

So schaffte es Christoph, den vierten Oberdrai zu erreichen; es folgt A(4).

*

Das ist bereits das ganze Geheimnis der Induktion. Dieses Beweisprinzip läuft immer nach dem folgenden Muster ab:

Sei A eine Aussage, die von einer natürlichen Zahl i abhängt; wir schreiben dafür A(i). Eine solche Aussage A(i) könnte z. B. sein

„Christoph kann ins i-te Oberdrai gelangen",

„Je i Punkte, die nicht auf einer gemeinsamen Geraden liegen, bestimmen mindestens i Geraden",

„$1 + 2 \ldots + i = \frac{i(i+1)}{2}$",

„$(1 + 2 + \ldots + i)^2 = 1^3 + 2^3 + \ldots + i^3$",

usw.

Diese Aussage A soll für eine vorgegebene natürlich Zahl n nachgewiesen werden; das heißt: wir wollen A(n) beweisen. Um das zu tun, muß man sich (das ist das **Prinzip der Induktion**) nur von den beiden folgenden Tatsachen überzeugen:

1. *Es gilt* A(1).
2. *Für jedes* $i < n$ *folgt* A(i + 1) *aus* A(i).

Die Aussage A(1) wird üblicherweise **Induktionsanfang** genannt, die Implikation unter 2. der **Induktionsschritt**. Im Induktions-

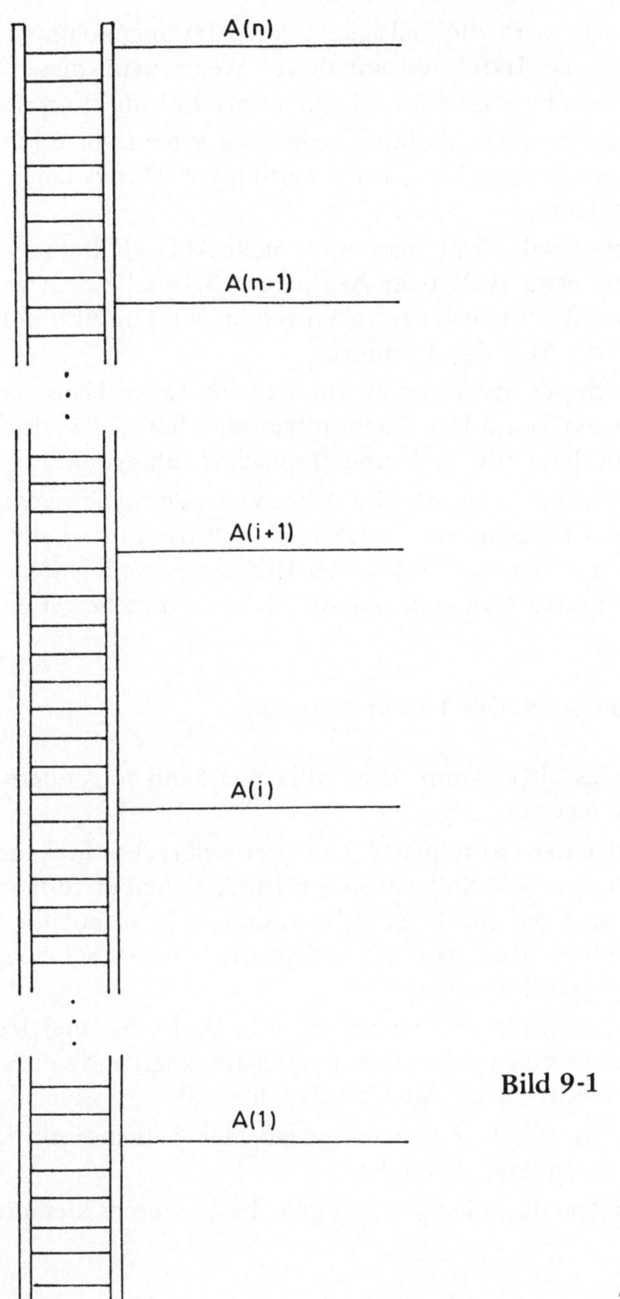

Bild 9-1

schritt wird die Gültigkeit von A(i) angenommen; deshalb heißt A(i) die **Induktionsannahme**. Wenn man diese Beweismethode verwendet, sagt man oft: „Man macht Induktion nach n".

Zur Veranschaulichung möge das Schema in Bild 9-1 dienen, das als großzügige Verallgemeinerung von Dötles Leiter aufgefaßt werden kann.

Manchmal wählt man auch nicht A(1) als Induktionsanfang, sondern etwa A(2) oder A(3). Zum Beispiel haben wir im Abschnitt „Weißt du wieviel Geraden gehen" eine Induktion mit Induktionsanfang A(3) durchgeführt.

An dieser Stelle wird wohl mancher Leser das Buch müde lächelnd aus der Hand legen und ausrufen: Aber das ist doch klar! Was soll man denn mit solch einer Trivialität anfangen?

Gemach, gemach! Die folgenden Beispiele werden hoffentlich jeden Leser davon überzeugen, daß das Prinzip der Induktion sehr wohl nützlich ist. Mit seiner Hilfe ist es ein leichtes, vergleichsweise komplexe Aussagen erstaunlich einfach zu beweisen.

1. Beispiel. Der Turm von Hanoi.

Dieses altbekannte Einsiedlerspiel kann folgendermaßen beschrieben werden:

Auf einer Grundplatte sind drei senkrechte Stäbe angebracht. Auf einem dieser Stäbe liegen n runde Scheiben aufgereiht, und zwar so, daß die größte Scheibe zuunterst liegt, auf ihr die zweitgrößte Scheibe, usw.; ganz oben liegt die kleinste Scheibe. (Die Scheiben sind verschieden groß.)

Die Aufgabe des Spieles besteht darin, in einer Reihe von Zügen den ganzen Turm von Scheiben auf einen anderen Stab zu bringen, und zwar nach folgenden Regeln:

(a) In jedem Zug wird genau eine Scheibe von einem Stab auf einen anderen gebracht.

(b) Nie darf eine größere Scheibe über einer kleineren liegen.

Bild 9-2

Die Frage ist, ob dies möglich ist, und – wenn ja – mit wieviel Zügen man auskommt.

Ist n = 1, so braucht man offenbar nur einen Zug. Sind zwei Scheiben vorhanden, so benötigt man bereits drei Züge, und im Fall n = 3 schon sieben, wie man durch Betrachten von Bild 9-3 erkennt.

Die allgemeine Antwort lautet wie folgt: *Hat man* n *Scheiben umzuschichten, so kann man dies in* $2^n - 1$ *Zügen erreichen.*

Diese Behauptung soll nun mit Induktion bewiesen werden: Sei A(i) die Aussage ‚i Scheiben kann man in $2^i - 1$ Zügen umschichten.'

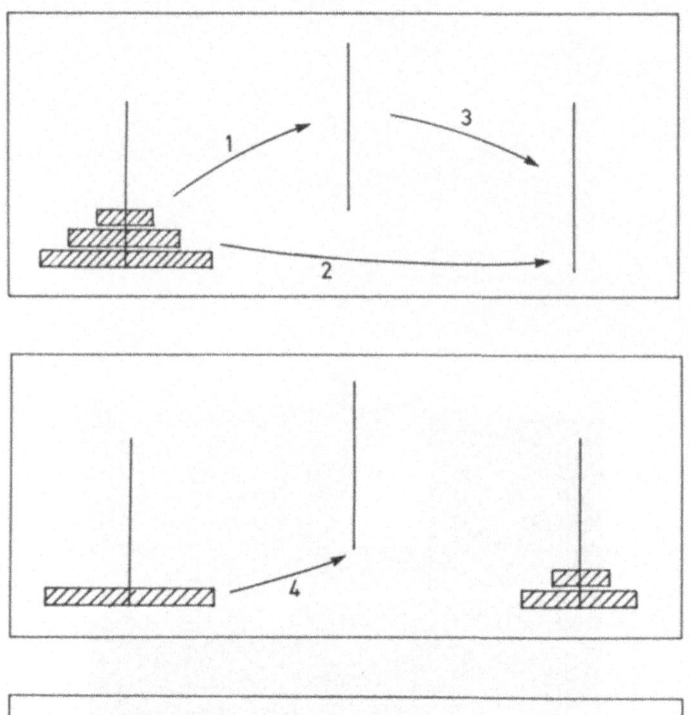

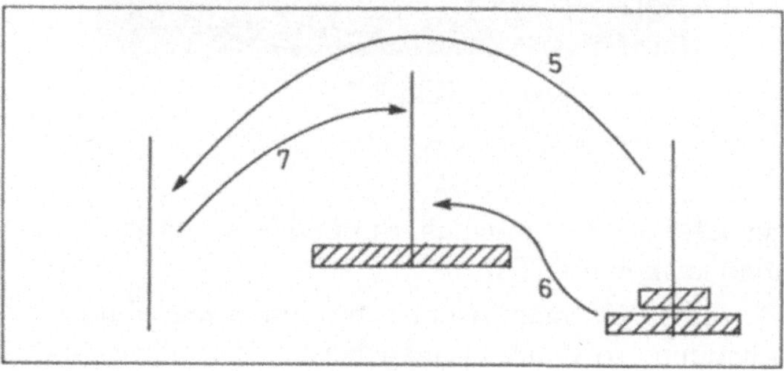

Bild 9-3

Oben haben wir uns schon davon überzeugt, daß A(1) gilt. Sei nun $i < n$. Wir müssen nachweisen, daß aus A(i) auch A(i + 1) folgt. Dieses Schauspiel gliedert sich in *drei Akte*.

Stellen wir uns dazu einen Turm mit genau i + 1 Scheiben vor. Zunächst vergessen wir die unterste Scheibe und versuchen, die oberen i Scheiben auf Stift Nr. 2 zu bringen. Geht das? Ja – da nur i Scheiben im Spiel sind, kommt hier die Aussage A(i) in Betracht, deren Gültigkeit wir jetzt ja voraussetzen dürfen. Diese Aussage besagt genau, daß wir diese Operation in $2^i - 1$ Zügen bewerkstelligen können.

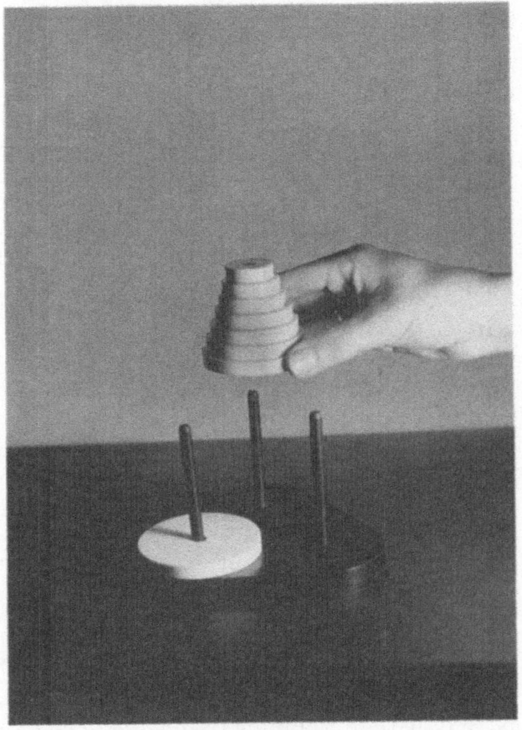

Bild 9-4

Im zweiten Akt setzen wir schlicht und ergreifend die größte Scheibe von Stift 1 auf Stift 3 (siehe Bild 9-5).

Nun müssen wir als krönenden Abschluß die i Scheiben, die zur Zeit noch auf dem zweiten Stift sitzen, auf den dritten Stift brin-

Bild 9-5

gen. Da A(i) gilt, kommt uns die gute Fee der Induktion (wie auf Bild 9-6 zu sehen) ein zweites Mal zu Hilfe und erfüllt auch unseren letzten Wunsch.

Damit ist das Schauspiel beendet. Wieviele Züge haben wir gebraucht? Nun, im ersten und dritten Akt jeweils $2^i - 1$ und im zweiten Akt nur einen, insgesamt also

$$2^i - 1 + 1 + 2^i - 1 = 2^{i+1} - 1.$$

Mit anderen Worten: Wir haben den Turm aus i + 1 Scheiben in $2^{i+1} - 1$ Schritten auf den Stift 2 gebracht. Das heißt, es gilt A(i + 1).

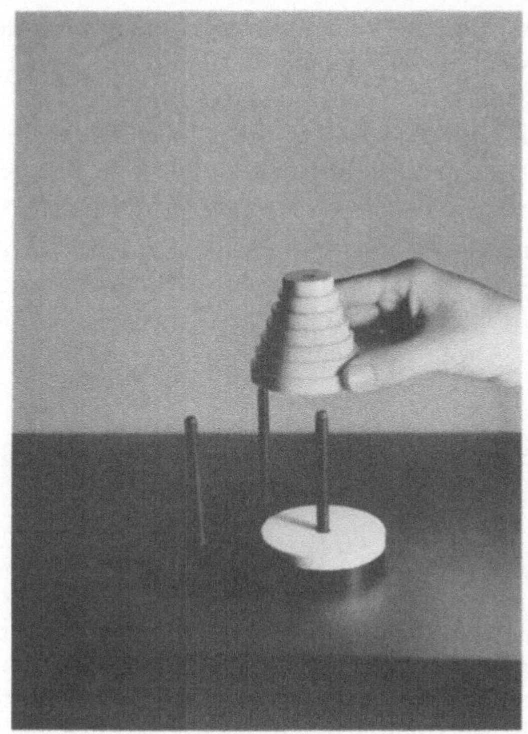

Bild 9-6

Das Prinzip der Induktion sagt uns nun, daß auch A(n) gilt, und das war unsere Behauptung.

*

An diesem Beispiel sieht man sehr schön, wie nützlich die Induktion ist. Mit ihrer Hilfe konnten wir den gesamten Umordnungsprozeß, der wahrscheinlich ziemlich unübersichtlich geworden wäre, in nur drei, ganz einfach zu beschreibenden Akten darstellen.

*

Das hier beschriebene Verfahren kann auch durch den folgenden simplen Algorithmus ausgeführt werden (siehe Spektrum der Wissenschaft 1/1985):

1. Schritt: Bewege die kleinste Scheibe im Uhrzeigersinn.
2. Schritt: Bewege irgendeine **andere** Scheibe irgendwohin.

Danach führt man wieder den ersten Schritt aus, usw.

Probieren Sie aus, ob meine Behauptung stimmt. Wenn Sie dann davon überzeugt sind, daß dieser Algorithmus das tut, was er soll, dann sollten Sie noch versuchen, das zu beweisen (durch Induktion nach der Anzahl der Scheiben).

2. Beispiel. Schwarz und weiß – oder: Eine geradlinige Aufteilung der Welt.

Aus der Geschichte wissen wir, daß die Römer die Grenzen in ihren Provinzen ohne Rücksicht auf natürliche Gegebenheiten ‚mit dem Lineal' gezogen haben. Stellen wir uns eine entsprechende Landkarte vor. Diese hat nicht nur die Eigenschaft, daß kein Land eine ‚krumme' Grenze hat, vielmehr sind die Grenzen wirkliche Geraden, d.h. sie sind in beide Richtungen beliebig lang zu denken.

Wenn man eine solche Landkarte entwirft, möchte man jedem Land der Karte eine Farbe zuordnen, und zwar so, daß keine zwei aneinandergrenzende Länder die gleiche Farbe tragen. Mit anderen Worten: Je zwei Länder, die ein **Stück Grenze** gemeinsam haben, sind verschieden gefärbt; Länder, die sich **nur in einem Punkt** berühren, dürfen ruhig gleichfarbig sein.

Die entscheidende Frage, die man sich nun stellen kann, lautet: Wieviele Farben braucht man **mindestens**, um eine solche Landkarte „zulässig" (also gemäß den obigen Regeln) zu färben? Wir wollen noch präziser fragen: Kann man jede oben beschriebene „römische" Landkarte mit **nur zwei Farben** zulässig färben? Anders gefragt: Kommt man bei römischen Landkarten mit Schwarz-Weiß-Druck aus?

Das folgende Beispiel zeigt, daß die Antwort auf diese Frage ‚ja' lauten könnte:

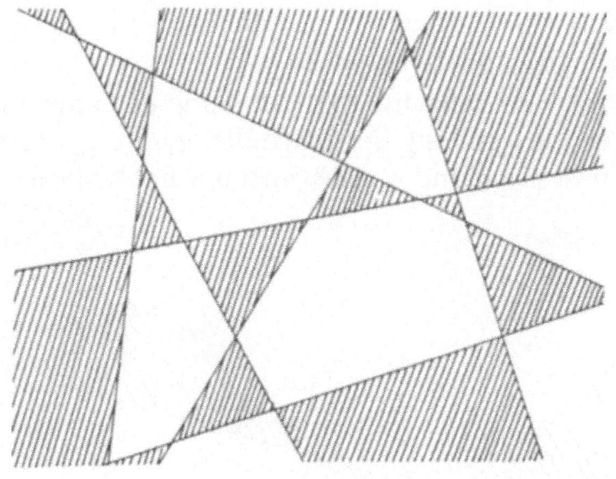

Bild 9-7

Aber – wie könnte man das beweisen? Vielleicht mit Induktion? Aber – Induktion wonach? Wo tritt in unserem Problem eine natürliche Zahl n auf, nach der man Induktion machen könnte?

Als naheliegendste Zahl bietet sich die Zahl n der Geraden an, mit denen der römische Feldherr die Welt in Länder aufgeteilt hat. Versuchen wir's auf diesem Weg! Die zu beweisende Behauptung lautet jetzt also:

Die Ebene sei durch n *Geraden in eine gewisse Anzahl von Ländern aufgeteilt. Dann kann man diese Länder so mit den Farben schwarz und weiß färben, daß keine zwei Länder mit einer gemeinsamen Grenze gleich gefärbt sind.*

Nun zum Beweis. Sei A(i) die Aussage ‚jede römische Landkarte, die durch i Geraden entstand, kann mit den Farben schwarz und weiß zulässig gefärbt werden'.

Aller Anfang ist leicht! Im Fall $i = 1$ gibt es nur eine Grenze, die Ebene wird also in nur zwei Gebiete eingeteilt. Man färbe das eine Land schwarz, das andere weiß.

Sei nun i eine natürliche Zahl mit $i < n$, und sei A(i) richtig. Es ist zu zeigen, daß $A(i + 1)$ gilt. Sei also die Ebene durch $i + 1$ Geraden $g_1, g_2, \ldots, g_{i+1}$ in Länder eingeteilt.

Wir betrachten nun zunächst die Einteilung der Ebene in Länder, die nur unter Verwendung der i Geraden $g_1, \ldots, g_i$ entstanden ist. Diese Karte ist nach Induktionsannahme mit schwarz und weiß färbbar.

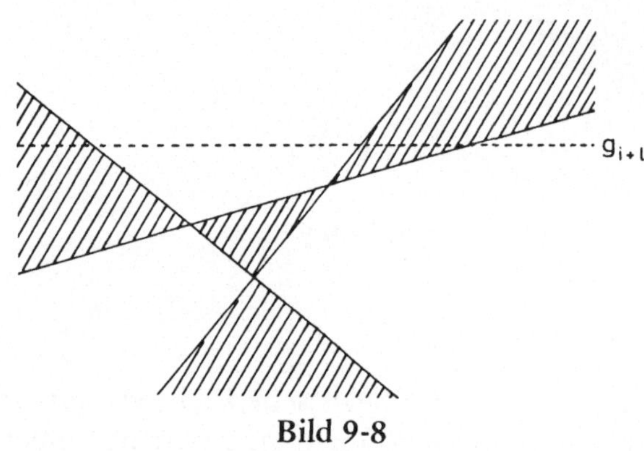

Bild 9-8

Nun versuchen wir, die $(i + 1)$-te Gerade g_{i+1} einzubauen. Indem wir die Ebene (oder uns) geeignet drehen, können wir uns g_{i+1} als horizontale Gerade vorstellen. Die Gerade g_{i+1} erzeugt neue Länder, die wir geeignet färben müssen. Offenbar müssen wir jetzt einen Teil der alten Karte umfärben.

Dies ist nun der Trick bei der ganzen Sache! Wir **färben** nämlich genau die **obere Hälfte der Karte um**. Das heißt: Jedes Land (der neuen Karte), das oberhalb von g_{i+1} liegt, wechselt seine Farbe, wird also schwarz, wenn es weiß war, und umgekehrt. Die Länder im südlichen Teil der Karte behalten dagegen ihre Farbe.

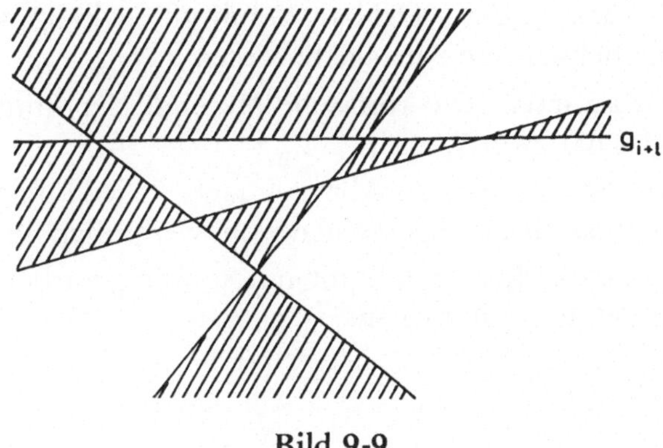

Bild 9-9

Das illustrierende Beispiel läßt uns schon ahnen, daß wir damit nicht auf dem Holzweg sind. Trotzdem müssen wir uns auch wirklich davon überzeugen, daß auch ‚im allgemeinen' je zwei aneinandergrenzende Länder L_1 und L_2 verschiedene Farben tragen. Offenbar müssen wir dazu drei Fälle betrachten:

1. Fall. Die Grenze g von L_1 und L_2 liegt unterhalb von g_{i+1}.

2. Fall. Die Grenze g liegt oberhalb von g_{i+1}.

3. Fall. g ist eine Strecke von g_{i+1}.

Im 1. Fall hatten die Länder L_1, L_2 (bzw. die Länder, aus denen sie durch Teilung mittels g_{i+1} hervorgegangen sind) schon vorher verschiedene Farben. Da sich in diesem Bereich **nichts** geändert hat, haben L_1 und L_2 nach wie vor verschiedene Farben.

Im 2. Fall (wenn g also oberhalb von g_{i+1} liegt), hat sich **alles** geändert. Waren L_1 und L_2 vorher schwarz und weiß gefärbt, so sind sie jetzt weiß und schwarz, und umgekehrt. Jedenfalls haben L_1 und L_2 auch in dieser Situation verschiedene Farben.

Im letzten Fall schließlich ist es so, daß die Grenze g ein Land L in zwei neue Länder aufgeteilt hat, ein südliches (sagen wir L_1) und ein nördliches (also L_2). Das Land L war vorher einfarbig, sagen wir weiß. Dann bleibt L_1 weiß, während L_2 schwarz wird.

Die Karte ist also zulässig färbbar. Somit gilt $A(i+1)$, und damit haben wir die behauptete Aussage bewiesen.

Fassen wir zusammen. Die römische Methode der Einteilung der Welt in Länder hat zwei Vorteile:

1. Die Grenzziehung ist denkbar einfach – jedenfalls auf der Karte, in der Realität im allgemeinen wohl wesentlich weniger.
2. Die Färbung der Karten kommt mit so wenig Farben wie möglich aus, nämlich mit nur zweien.

10
Kariertes Papier

Kariertes Papier? Das ist doch etwas, was unauslöschlich mit dem Mathematikunterricht in der Schule verbunden ist: Auf kariertem Papier haben wir die Grundrechenarten geübt, ‚Schiffe versenken' gespielt, später verwegene Konstruktionen mit Zirkel und Lineal fabriziert und endlich 1001 Kurven diskutiert! Und dieses karierte Papier soll uns noch etwas Neues bieten können, vielleicht sogar etwas Reizvolles und Apartes?

*

In der Tat werden wir eine ganz erstaunliche Eigenschaft des karierten Papiers kennenlernen, genauer gesagt eine Eigenschaft von Figuren, die in kariertem Papier ‚aufgehängt' sind. Diese Figuren wollen wir zunächst etwas präziser beschreiben.

Wir nennen das karierte Papier auch **das Gitter**. Die Punkte, in denen sich waagrechte und senkrechte Geraden des Gitters treffen, heißen **Gitterpunkte**. Ein Vieleck, dessen Ecken Gitterpunkte sind, wollen wir ein **Gittervieleck** nennen. Ein **Gitterdreieck** ist also ein Dreieck, durch dessen Ecken jeweils eine waagrechte und eine senkrechte **Gittergerade** geht.

Auf den ersten Blick scheint an einem Gittervieleck nichts besonderes dran zu sein: es kann groß oder klein, dick oder dünn, kompliziert oder einfach, konkav oder konvex sein – wie jedes andere Vieleck auch. Aber einen kleinen Unterschied gibt es doch, und dieser hat beispielsweise zur Folge, daß man den Flächeninhalt eines Gittervielecks ganz einfach bestimmen kann.

Bei jedem Gittervieleck $\mathcal{V}$ lassen sich zwei Größen unmittelbar ablesen:

- Die Anzahl i = i($\mathcal{V}$) der Gitterpunkte, die im Innern von $\mathcal{V}$ liegen (**innere Punkte**) und
- die Anzahl r = r($\mathcal{V}$) der Gitterpunkte auf dem Rand von $\mathcal{V}$ (**Randpunkte**).

Zum Beispiel gilt für das auf der Spitze stehende Quadrat i = 13 und r = 12, und der Weihnachtsstern hat i = 52 innere Punkte und r = 16 Randpunkte.

*

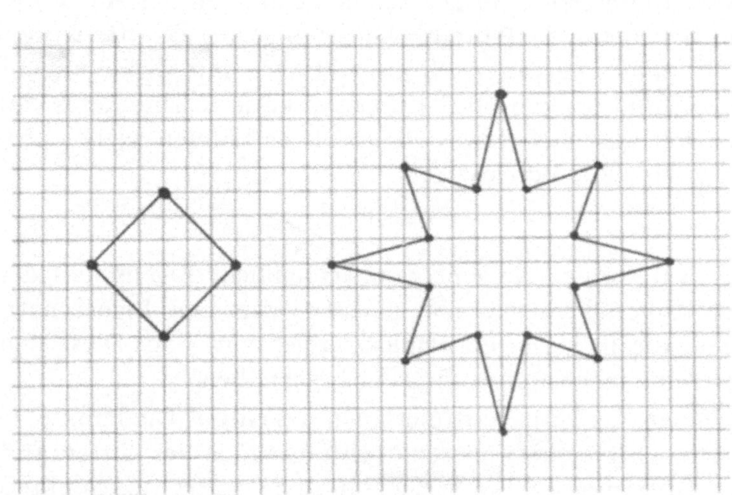

Bild 10-1

Um den Flächeninhalt f($\mathcal{V}$) eines Gittervielecks $\mathcal{V}$ zunächst mal ganz grob abzuschätzen, könnte man so vorgehen: Wir legen um jeden inneren Punkt ein Einheitsquadrat und um jeden Randpunkt ein „halbes" Einheitsquadrat (damit ist der Teil des Einheitsquadrats gemeint, der sich im Innern von $\mathcal{V}$ befindet). Da diese Einheitsquadrate die gesamte Fläche des Vielecks überdecken (jedenfalls dann, wenn wir nicht allzu scharf hinschauen), könnte man zu der Vermutung kommen, daß sich der Flächeninhalt von $\mathcal{V}$, in der Größenordnung' von $i + \frac{r}{2}$ bewegt.

Da wir zu dieser Vermutung aber nur aufgrund außerordentlich gewagter Annahmen gekommen sind, ist es höchst verblüffend, daß diese Vermutung schon fast die richtige Formel liefert. Es gilt nämlich der folgende Satz, der zum ersten Mal 1899 von G. Pick formuliert wurde:

Für jedes Gittervieleck $\mathcal{V}$ gilt

$$f(\mathcal{V}) = i + \frac{r}{2} - 1.$$

Bevor wir uns davon überzeugen, daß diese Formel richtig ist, diskutieren wir sie ein wenig. Mit anderen Worten: Wir wollen uns zunächst davon überzeugen, daß es sich um einen höchst bemerkenswerten Satz handelt.

(1) Die Formel von Pick liefert eine äußerst bequeme Methode zur Berechnung des Flächeninhalts: Daß das obige auf der Spitze stehende Quadrat den Flächeninhalt $13 + \frac{12}{2} - 1 = 18$ hat, hätte man sich natürlich auch anders überlegen können. Aber den Flächeninhalt des Weihnachtssterns als $53 + \frac{16}{2} - 1 = 60$ zu bestimmen, geht mit der Formel von Pick schneller als mit jeder anderen Methode.

(2) Der Flächeninhalt eines Gittervielecks $\mathcal{V}$ hängt nur von den Zahlen i und r ab, nicht von der wirklichen Gestalt von $\mathcal{V}$, ja nicht einmal von der Eckenzahl von $\mathcal{V}$.

(3) Da i und r ganze Zahlen sind, ergibt sich aus dem Satz von Pick insbesondere, daß der Flächeninhalt eines Gittervielecks stets eine ganze Zahl oder die Hälfte einer ganzen Zahl ist. Mit anderen Worten: Ein Vieleck mit Flächeninhalt 3,85 oder $\sqrt{5} + 1$ oder 2π kann von vornherein kein Gittervieleck sein. Dies zeigt im nachhinein, daß Gittervielecke eben doch etwas ganz besonderes sind.

Nun zurück zu obigem Satz. Doch halt! – Was heißt hier ‚Satz'?

Im Augenblick handelt es sich noch um eine Vermutung – und unsere Bemerkungen sagen eigentlich, daß es sich um eine ziemlich kühne Vermutung handelt.

Bevor wir uns dem Beweis des Satzes von Pick nähern, sollten wir aber verraten, daß es sehr wohl Gittervielecke gibt, für die die Picksche Formel **nicht** gilt. Das sind solche Gittervielecke, die dadurch entstehen, daß an einer Ecke einige ,gewöhnliche Gittervielecke zusammengeheftet werden.

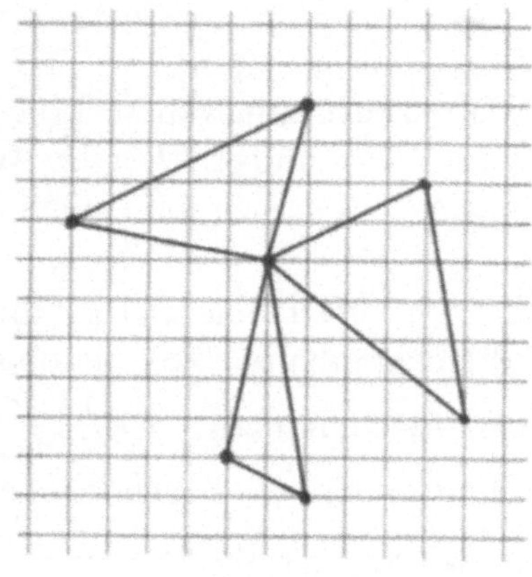

Bild 10-2

Sie haben vermutlich bisher gar nicht daran gedacht, solche Gebilde als ,Vielecke' zu bezeichnen. Das soll auch so bleiben! Denn diese „ausgearteten" Vielecke wollen wir ab sofort nicht mehr betrachten.

*

Nun wollen wir uns an den Beweis des Satzes von Pick machen. Zunächst zeigen wir diesen Satz in einigen Spezialfällen (für Dreiecke, Rechtecke, usw.), so daß wir wenigstens an ihn glauben können; anschließend wollen wir uns dann vollends von der Gültigkeit der behaupteten Formel überzeugen.

(1) *Sei $\mathscr{R}$ ein Gitterrechteck, dessen Seiten Geraden des Gitters sind. Dann gilt*

$$f(\mathscr{R}) = i + \frac{r}{2} - 1.$$

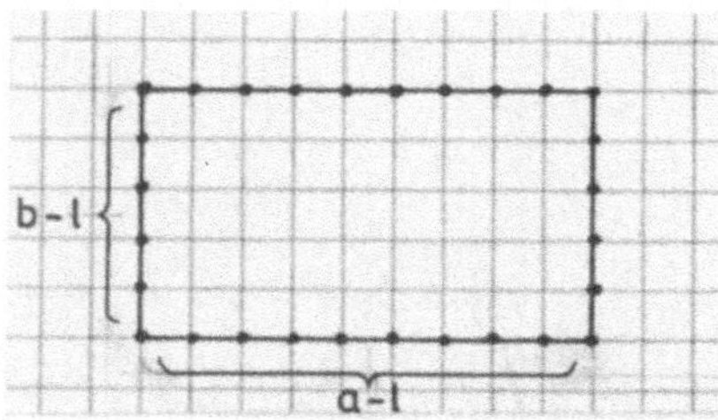

Bild 10-3

Denn: Seien a und b die Seitenlängen von $\mathscr{R}$. Dann hat $\mathscr{R}$ genau

$$i = (a-1)(b-1)$$

innere Punkte, während die Anzahl der Randpunkte gleich

$$r = 4 + 2(a-1) + 2(b-1) = 2(a+b)$$

ist. Jetzt folgt

$$i + \frac{r}{2} - 1 = (a-1)(b-1) + \frac{2(a+b)}{2} - 1 = ab.$$

Da wir aber schon aus der Kindheit wissen, daß $f(\mathscr{R}) = ab$ ist, haben wir die erste Behauptung bereits gezeigt.

(2) *Sei $\mathscr{N}$ ein rechtwinkliges Gitterdreieck, dessen Katheten Geraden des Gitters sind. (Ein solches Dreieck heißt auch **Normaldreieck**.) Dann gilt für $\mathscr{N}$ die Picksche Formel.*

Dies folgt so: Offensichtlich kann man $\mathscr{N}$ mittels eines Normaldreiecks $\mathscr{N}'$ zu einem Gitterrechteck $\mathscr{R}$ ergänzen. Um $\mathscr{N}'$ zu erhalten, dreht man $\mathscr{N}$ um 180° um den Mittelpunkt der Hypotenuse. Dann sind $\mathscr{N}$ und $\mathscr{N}'$ sogar kongruent.

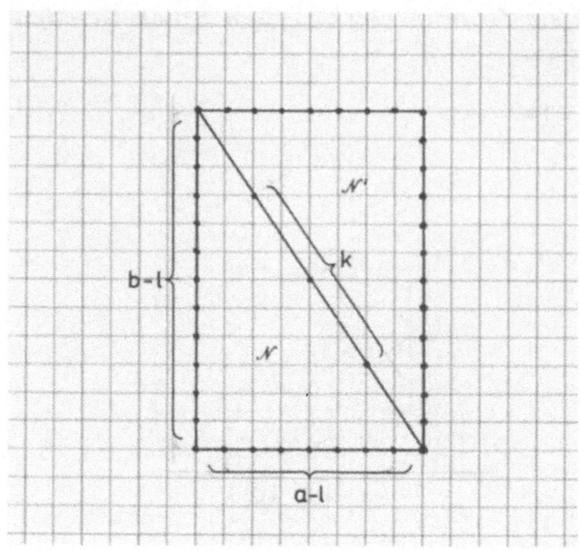

Bild 10-4

Die Katheten von $\mathcal{N}$ seien genau a bzw. b Einheiten lang; auf der Hypotenuse mögen genau k Gitterpunkte liegen, die verschieden von den Ecken sind.

Nun liegen von den $(a-1)(b-1)$ inneren Punkten des Rechtecks $\mathcal{R}$ genau k auf der Hypotenuse, also genau $\frac{(a-1)(b-1)-k}{2}$ in $\mathcal{N}$.

Das heißt

$$i = \frac{(a-1)(b-1)-k}{2}.$$

Ferner ist

$$r = 1 + a + b + k.$$

Da bekanntlich $f(\mathcal{N}) = \frac{ab}{2}$ ist, folgt zusammen

$$i + \frac{r}{2} - 1 = \frac{(a-1)(b-1)-k}{2} + \frac{1+a+b+k}{2} - 1 = \frac{ab}{2} = f(\mathcal{N}).$$

Im folgenden Schritt werden wir den Flächeninhalt eines beliebigen Gitterdreiecks bestimmen. Das ist der Kern des ganzen Beweises. Dieser Schritt scheint auf den ersten Blick furchterregend komplex zu sein, er ist es aber in Wahrheit nicht. Als zusätzlichen Trost kann ich noch mitteilen, daß wir anschließend nur noch ein harmloses Nachgeplänkel zu bestehen haben werden.

(3) *Für jedes Gitterdreieck $\mathcal{D}$ gilt* $f(\mathcal{D}) = i + \frac{r}{2} - 1$.

Nämlich: Wir betrachten gleich den Fall, in dem keine Seite von $\mathcal{D}$ eine Gerade des Gitters ist. (Die anderen Fälle sind viel einfacher; wenn der Leser diesen Beweis verstanden hat, wird es ihm ein leichtes sein, auch die übriggebliebenen Sonderfälle zu erledigen.)

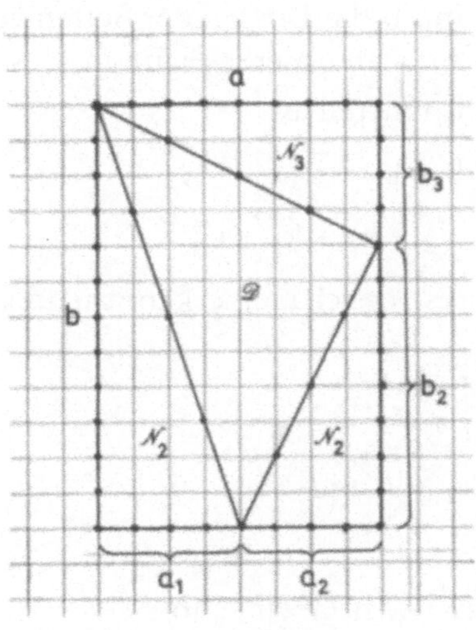

Bild 10-5

Wie die Figur in Bild 10-5 zeigt, kann man $\mathcal{D}$ durch drei Normaldreiecke $\mathcal{N}_1$, $\mathcal{N}_2$, $\mathcal{N}_3$ zu einem Gitterrechteck $\mathcal{R}$ mit waagerechten und senkrechten Seiten ergänzen. Offensichtlich gilt

$$f(\mathcal{D}) = f(\mathcal{R}) - f(\mathcal{N}_1) - f(\mathcal{N}_2) - f(\mathcal{N}_3).$$

Diese Formel stimmt uns sehr hoffnungsvoll: Denn mit den ersten beiden Schritten können wir die Flächeninhalte von $\mathcal{R}$, $\mathcal{N}_1$, $\mathcal{N}_2$ und $\mathcal{N}_3$ bestimmen; daher können wir auch $f(\mathcal{D})$ berechnen! Kurz gesagt: Die Sache wird vielleicht kompliziert werden, aber wir schaffen's!

Um es zu schaffen, müssen wir zunächst den Mut haben, einige Bezeichnungen einzuführen. (Diese neuen Größen ‚kürzen sich' im Lauf des Beweises ‚wieder raus', sie sind aber trotzdem unentbehrlich.)

Sei k_1 (bzw. k_2, k_3) die Anzahl der Gitterpunkte, die keine Ecken von $\mathcal{D}$ sind und auf der Seite von $\mathcal{D}$ liegen, die an $\mathcal{N}_1$ (bzw. $\mathcal{N}_2$, $\mathcal{N}_3$) angrenzt. Ferner seien i_0 bzw. r_0 die Anzahl der inneren Punkte bzw. Randpunkte von $\mathcal{R}$, i_1 und r_1 (bzw. i_2 und r_2, bzw. i_3 und r_3) die Anzahlen der inneren Punkte und der Randpunkte von $\mathcal{N}_1$ (bzw. $\mathcal{N}_2$ bzw. $\mathcal{N}_3$).

Schließlich seien a und b die Längen der Seiten von $\mathcal{R}$. Die übrigen Bezeichnungen liest man an unserer Figur ab.

Zunächst sieht man unmittelbar

$$a = a_1 + a_2, \qquad b = b_2 + b_3,$$

$$i_0 = i + i_1 + i_2 + i_3 + k_1 + k_2 + k_3.$$

Durch etwas genaueres Hinschauen erkennt man auch

$$r = k_1 + k_2 + k_3,$$

$$r_1 = a_1 + b + k_1 + 1,$$

$$r_2 = a_2 + b_2 + k_2 + 1 \text{ und}$$

$$r_3 = b_3 + a + k_3 + 1.$$

Aus dem ersten Schritt wissen wir schon

$$r_0 = 2\,(a + b).$$

Nun rechnen wir den Flächeninhalt der Normaldreiecke $\mathcal{N}_1$, $\mathcal{N}_2$, und $\mathcal{N}_3$ gemäß dem zweiten Schritt aus:

$$f(\mathcal{N}_1) + f(\mathcal{N}_2) + f(\mathcal{N}_3)$$

$$= i_1 + \frac{r_1}{2} - 1 + i_2 + \frac{r_2}{2} - 1 + i_3 + \frac{r_3}{2} - 1$$

$$= i_1 + i_2 + i_3$$

$$+ \frac{a_1 + b + k_1 + 1 + a_2 + b_2 + k_2 + 1 + a + b_3 + k_3 + 1}{2} - 3$$

$$= i_1 + i_2 + i_3 + \frac{a + b + a_1 + a_2 + b_2 + b_3 + k_1 + k_2 + k_3 - 3}{2}$$

$$= i_1 + i_2 + i_3 + k_1 + k_2 + k_3 + a + b - \frac{k_1 + k_2 + k_3 + 3}{2}.$$

Das sieht noch nicht sehr vielversprechend aus – dies wird sich aber ziemlich schnell ändern, wenn wir den Flächeninhalt von $\mathcal{R}$ nach (1) ausrechnen, und dann alles in die Formel einsetzen, auf die sich unsere Hoffnung gründet:

$$f(\mathcal{D}) = f(\mathcal{R}) - f(\mathcal{N}_1) - f(\mathcal{N}_2) - f(\mathcal{N}_3)$$

$$= i_0 + \frac{r_0}{2} - 1 - \left[i_1 + i_2 + i_3 + k_1 + k_2 + k_3 + a + b \right.$$

$$\left. - \frac{k_1 + k_2 + k_3 + 3}{2} \right]$$

$$= i_0 + \frac{2\,(a + b)}{2} - 1 - [i_1 + i_2 + i_3 + k_1 + k_2 + k_3] - (a + b)$$

$$+ \frac{k_1 + k_2 + k_3 + 3}{2}$$

$$= i_0 - [i_1 + i_2 + i_3 + k_1 + k_2 + k_3] + \frac{k_1 + k_2 + k_3 + 3}{2} - 1$$

$$= i + \frac{r}{2} - 1.$$

So – das ist bereits die ganze Aussage (3).

Sollte der geneigte Leser an dieser Stelle nun nicht mehr geneigt sein, den weiteren Gang der Dinge mitzuverfolgen, so mag er sich hier ruhigen Gewissens ausblenden. Wir werden zwar im nächsten Abschnitt den Satz von Pick verwenden, aber nur für Dreiecke. Und für Dreiecke haben wir den Satz ja soeben bewiesen!

... andererseits ist der Rest nun auch nicht mehr schwierig.

(4) *Die Formel von Pick gilt für jedes beliebige Gittervieleck mit* n *Ecken.*

Wir beweisen dies durch Induktion nach n.

Für $n = 3$ haben wir uns im dritten Schritt abgemüht. Sei nun $n > 3$, und sei die Behauptung richtig für $n - 1$.

Wir betrachten ein beliebiges Gittervieleck $\mathscr{V}$ mit n Ecken. In diesem gibt es drei aufeinanderfolgende Eckpunkte P_1, P_2, P_3, die ein Gitterdreieck $\mathscr{D}$ bilden, so daß P_1 und P_3 zusammen mit den übrigen Punkten von $\mathscr{V}$ ein Gittervieleck $\mathscr{V}'$ mit $n - 1$ Ecken bilden.

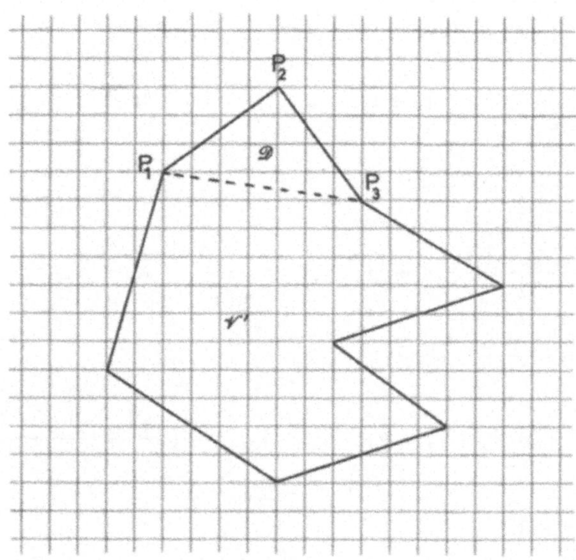

Bild 10-6

Auf der „Diagonalen" P_1P_3 von $\mathscr{V}$ mögen genau k Gitterpunkte ungleich P_1 und P_3 liegen.
Aufgrund des vorigen Schrittes wissen wir, daß für $\mathscr{D}$ gilt

$$f(\mathscr{D}) = i_{\mathscr{D}} + \frac{r_{\mathscr{D}}}{2} - 1.$$

Nach Induktionsannahme gilt für den Flächeninhalt des Gittervielecks $\mathscr{V}'$:

$$f(\mathscr{V}') = i' + \frac{r'}{2} - 1.$$

Wegen $i = i_{\mathscr{D}} + i' + k$ und $r = r_{\mathscr{D}} - k + r' - k - 2$ ergibt sich endlich

$$\begin{aligned} f(\mathscr{V}) &= f(\mathscr{D}) + f(\mathscr{V}') \\ &= i_{\mathscr{D}} + \frac{r_{\mathscr{D}}}{2} - 1 + i' + \frac{r'}{2} - 1 \\ &= i_{\mathscr{D}} + i' + k + \frac{r_{\mathscr{D}} + r' - 2k - 2}{2} - 1 \\ &= i + \frac{r}{2} - 1. \end{aligned}$$

*

Damit ist der Satz von Pick für jeden Fall bewiesen. Zu Beginn dieses Abschnitts haben wir bereits bemerkt, daß dieser Satz schon an sich äußerst interessant ist; im nächsten Abschnitt werden wir aber noch auf einige verblüffende Effekte zu sprechen kommen, die auf diesem Satz basieren.

11 Noch mehr kariertes Papier

In diesem Abschnitt wollen wir einige Anwendungen der im vorigen Abschnitt bewiesenen Formel von Pick herleiten.

1. *Fritzchen schenkt seiner kleinen Schwester zu ihrem 3. Geburtstag ein gleichseitige Dreieck. Er packt es in kariertes Papier ein und fragt sich, ob es möglich ist, daß alle drei Ecken auf einem Gitterpunkt liegen.*

Dies ist **nicht** möglich. Denn ein gleichseitiges Dreieck mit Seitenlänge a hat den Flächeninhalt $f = \frac{a^2\sqrt{3}}{2}$. Nehmen wir nun an, daß Fritzchen sein Dreieck so geschickt einwickeln könnte, daß alle Ecktepunkte auf einem Gitterpunkt liegen. Dann folgte aus dem Satz von Pick, daß der Flächeninhalt f eine ganze Zahl oder die Hälfte einer ganzen Zahl sein müßte. In jedem Fall müßte $a^2\sqrt{3}$ eine ganze Zahl sein.

Andererseits sieht man mit Pythagoras sofort, daß a^2 ganzzahlig ist. Diese beiden Behauptungen sind aber unvereinbar, denn sie hätten zur Folge, daß $\sqrt{3}$ rational sein müßte.

Also kann sich Fritzchen anstellen wie er will, er wird es nicht schaffen.

2. *Aber er gibt nicht auf: Zum 5. Geburtstag schenkt er seiner Schwester ein regelmäßige 5-Eck. Er stellt allerdings fest, daß er auch dieses nicht so in kariertes Papier einwickeln kann, daß alle Ecken auf einem Gitterpunkt liegen.*

Daß dies so sein muß, kann man sich ähnlich wie oben überlegen. (Berechne die Fläche und zeige, daß diese nicht die Hälfte einer ganzen Zahl sein kann.)

Es gibt aber eine viel elegantere Lösung – ohne Flächenberechnung und ohne Picksche Formel. Und die geht so.

Angenommen, es gibt ein reguläres Fünfeck derart, daß alle fünf Eckpunkte $P_1, \ldots, P_5$ Gitterpunkte sind.

Nun ist die Seite P_1P_2 parallel zu der Diagonalen P_3P_5. (Das weiß man noch vom Schulunterricht her; man kann es sich aber auch leicht überlegen.)

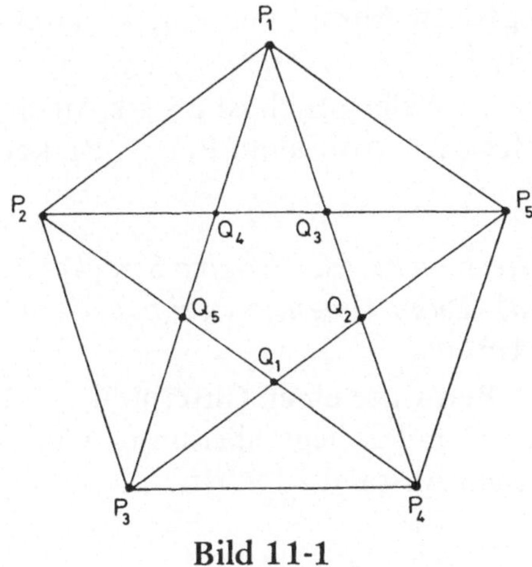

Bild 11-1

Entsprechend sind P_1P_5 und P_2P_4 parallel. Bezeichnen wir nun den Schnittpunkt von P_3P_5 und P_2P_4 mit Q_1, so ist also P_1, P_2, Q_1, P_5 ein Parallelogramm.

Da drei Ecken eines Parallelogramms Gitterpunkte sind, muß auch die vierte, also Q_1, ein Gitterpunkt sein.

In entsprechender Weise konstruieren wir nun alle fünf Schnittpunkte $Q_1, Q_2, \ldots, Q_5$ der Diagonalen von $P_1, \ldots, P_5$. Offenbar bilden die Punkte $Q_1, \ldots, Q_5$ wieder ein reguläres Fünfeck, dessen Ecken Gitterpunkte sind.

Dazu kommt, daß das „kleine" Fünfeck weniger innere Punkte enthält als das ursprüngliche (denn die Punkte $Q_1, \ldots, Q_5$ sind ja innere Punkte des Fünfecks $P_1, \ldots, P_5$).

Nun können wir natürlich, von $Q_1, \ldots, Q_5$ ausgehend, ein reguläres Gitterfünfeck konstruieren, das noch weniger innere Punkte hat. Und so weiter.

Da $P_1, \ldots, P_5$ nur eine endliche Anzahl innerer Punkte hat, kommen wir irgendwann zu einem regulären Gitterfünfeck ohne innere Punkte. Im nächsten Schritt kämen wir dann zu einem Gitterfünfeck mit einer negativen Anzahl von inneren Punkten: eine offensichtliche Absurdität.

Der Grund für diesen Widerspruch ist unsere Annahme, daß $P_1, \ldots, P_5$ ein **Gitter**fünfeck ist. Also kann $P_1, \ldots, P_5$ kein Gitterfünfeck gewesen sein.

3. *Sei $\mathcal{S}$ eine* ***Gitterstrecke*** *(das ist eine Strecke, deren Endpunkte Gitterpunkte sind). Dann haben je zwei benachbarte Gitterpunkte auf $\mathcal{S}$ denselben Abstand.*

Das sieht man so: Betrachte einen Gitterpunkt P, der nicht auf der von $\mathcal{S}$ bestimmten Geraden liegt, aber unter allen solchen Punkten den kleinstmöglichen Abstand zu $\mathcal{S}$ hat.

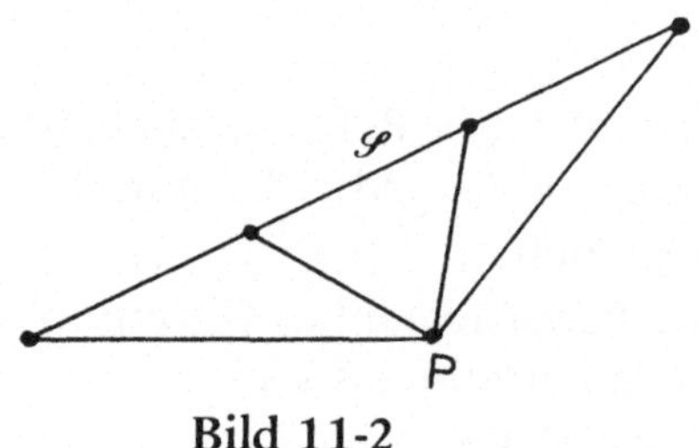

Bild 11-2

Diesen Punkt P verbinden wir mit allen Gitterpunkten der Strecke $\mathscr{S}$. Betrachte die Menge der so entstandenen Gitterdreiecke.

Keines dieser Dreiecke hat einen Gitterpunkt im Innern oder einen weiteren Randpunkt (denn jeder solcher Punkt hätte einen kleineren Abstand von $\mathscr{S}$ als P.) Der Satz von Pick sagt uns nun, wie wir den Flächeninhalt f eines solchen Dreiecks berechnen können:

$$f = i + \frac{r}{2} - 1 = 0 + \frac{3}{2} - 1 = \frac{1}{2}.$$

Insbesondere haben je zwei der betrachteten Dreiecke **denselben** Flächeninhalt. Da sie auch alle dieselbe Höhe h haben, haben auch alle Grundseiten dieselbe Länge, nämlich 2 f/h. Das bedeutet aber nichts anderes, als daß je zwei benachbarte Gitterpunkte auf $\mathscr{S}$ denselben Abstand haben.

4. *Wie berechnet man den größten gemeinsamen Teiler zweier ganzer Zahlen* a *und* b?

Dafür gibt es das folgende simple *geometrische Rezept:* Man lege das Gitter so, daß der Nullpunkt O = (0, 0) ein Gitterpunkt ist. Dann ist auch der Punkt Q mit den Koordinaten Q = (a, b) ein Gitterpunkt. Betrachte die Gitterstrecke $\mathscr{S} = \overline{OQ}$. Diese möge genau g + 1 Gitterpunkte enthalten. *Dann ist die Zahl* g *der größte gemeinsame Teiler von* a *und* b.

Zum *Nachweis* dieser Behauptung zeigen wir zunächst, daß die Zahl g jedenfalls *ein Teiler* von a und b ist. Seien $P_0, P_1, \ldots, P_g$ die g + 1 Gitterpunkte auf $\mathscr{S}$. Dabei sei die Numerierung so gewählt, daß $P_0 = (0, 0)$ ist, und P_i, P_{i+1} aufeinanderfolgende Gitterpunkte sind; also ist zum Beispiel $P_g = Q$.

Nach **3**. sind die g Strecken $\overline{P_0P_1}, \overline{P_1P_2}, \ldots, \overline{P_{g-1}P_g}$ alle gleich lang.

Betrachte nun die Senkrechten durch $P_0, P_1, \ldots, P_g$. Da diese Senkrechten Gittergeraden sind, treffen sie die Strecke zwischen (0, 0) und (a, 0) in Gitterpunkten $X_0, X_1, \ldots, X_g$.

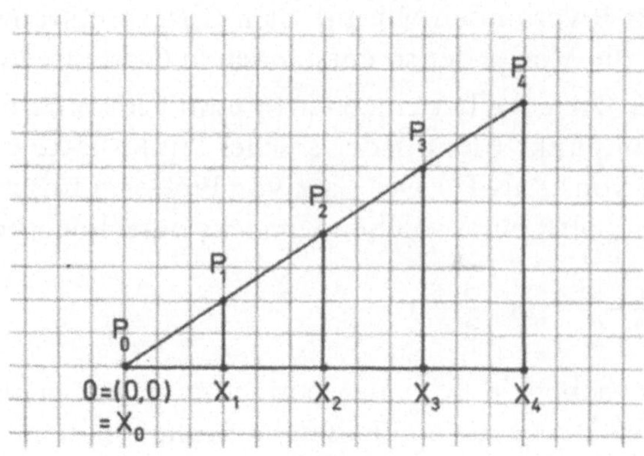

Bild 11-3

(Dabei ist $X_0 = (0, 0)$ und $X_g = (a, 0)$.) Da die Strecken $\overline{P_0 P_1}$, $\overline{P_1 P_2}$, ... gleich lang sind, sind nun auch die Strecken

$$\overline{X_0 X_1}, \overline{X_1 X_2}, \ldots, \overline{X_{g-1} X_g}$$

gleich lang. Also ist

$$(*) \quad |X_0 X_1| \cdot g = |X_0 X_1| + |X_1 X_2| + \ldots + |X_{g-1} X_g| = |X_0 X_g| = a.$$

Da schließlich X_0 und X_1 Gitterpunkte auf einer Geraden des Gitters sind, ist ihr Abstand $|X_0 X_1|$ eine ganze Zahl. Damit ergibt sich aus (*), daß a tatsächlich ein Vielfaches von g ist.

Ebenso folgt, daß die Zahl b ein Vielfaches von g ist. Also ist g bestimmt ein gemeinsamer Teiler der Zahlen a und b. Um zu zeigen, daß g der *größte* gemeinsame Teiler von a und b ist, betrachten wir jetzt einen beliebigen gemeinsamen Teiler d von a und b.

Dann liegen alle die folgenden d + 1 Gitterpunkte auf der Strecke $\mathscr{S}$:

$$(0, 0), \left(\frac{a}{d}, \frac{b}{d}\right), \left(\frac{2a}{d}, \frac{2b}{d}\right), \ldots, \left(\frac{d \cdot a}{d}, \frac{d \cdot b}{d}\right) = (a, b).$$

Das heißt: Diese Punkte sind gewisse der Punkte $P_0, P_1, \ldots, P_g$.

Daraus folgt, daß $d+1 \leq g+1$, also $d \leq g$ sein muß. Mit anderen Worten: Kein gemeinsamer Teiler von a und b ist größer als g. Also ist g wie behauptet der größte gemeinsame Teiler von a und b.

5. *Sind* a *und* b *ganze Zahlen mit größtem gemeinsamen Teiler* g, *so gibt es ganze Zahlen* x_1 *und* y_1 *mit*

$$g = a \cdot y_1 + b \cdot x_1$$

Um diese Tatsache einzusehen, betrachten wir wie in 3. einen Gitterpunkt P_1, der von der Strecke $\mathscr{S}$ zwischen $O = (0, 0)$ und $Q = (a, b)$ den kleinstmöglichen Abstand hat. Dieser Punkt P_1 habe die Koordinaten $P_1 = (x_1, y_1)$. Es sei jetzt schon verraten, daß diese Zahlen x_1 und y_1 (eventuell bis aufs Vorzeichen) die in der Behauptung geforderten Zahlen sind.

Um das zu erkennen, betrachten wir das Gitterdreieck $\mathscr{D}$ mit den Eckpunkten $(0, 0)$, $Q = (a, b)$ und $P_1 = (x_1, y_1)$. Da P_1 minimalen Abstand zu $\mathscr{S}$ hat, enthält $\mathscr{D}$ keinen inneren Punkt. Da $\mathscr{D}$ aber genau $g+2$ Randpunkte hat, ergibt sich mit der Formel von Pick

$$f(\mathscr{D}) = i + \frac{r}{2} - 1 = 0 + \frac{g+2}{2} - 1 = \frac{g}{2}.$$

Andererseits können wir den Flächeninhalt von $\mathscr{D}$ auch auf die alte, aus der Schule wohlbekannte Weise „Grundseite mal Höhe durch zwei‘ ausrechnen:

Als Grundseite wählen wir $\mathscr{S}$; daher ist die Länge der Grundseite gleich $\sqrt{a^2 + b^2}$. Nun müssen wir noch die Höhe h bestimmen. Da die Grundseite auf der Geraden mit der Gleichung $y = \frac{b}{a}x$ liegt, hat die Höhe die Steigung $-\frac{a}{b}$; da h durch den Punkte $P_1 = (x_1, y_1)$ geht, lautet die Gleichung von h

$$y = -\frac{a}{b} \cdot x + \left[y_1 + \frac{a}{b}x_1\right].$$

Damit kann man nun den Fußpunkt von h, also den Schnittpunkt von h und $\mathscr{S}$, berechnen; er hat die Koordinaten $P_0 = (x_0, y_0)$ mit

$$x_0 = \frac{a(by_1 + ax_1)}{a^2 + b^2} \quad \text{und} \quad y_0 = \frac{b(by_1 + ax_1)}{a^2 + b^2}.$$

Nun ist es einfach, die Länge der Höhe, also den Abstand von P_1 zu P_0 zu berechnen:

$$|P_1 P_0| = \sqrt{(y_0 - y_1)^2 + (x_0 - x_1)^2} = \frac{1}{a^2 + b^2} \cdot$$

$$\cdot \sqrt{[b(by_1 + ax_1) - y_1(a^2 + b^2)]^2 + [a(by_1 + ax_1) - x_1(a^2 + b^2)]^2}$$

$$= \frac{1}{a^2 + b^2} \cdot \sqrt{a^2(bx_1 - ay_1)^2 + b^2(ay_1 - bx_1)^2}$$

$$= \frac{|ay_1 - bx_1|}{a^2 + b^2} \cdot \sqrt{a^2 + b^2} = \frac{|ay_1 - bx_1|}{\sqrt{a^2 + b^2}}.$$

Wenn wir jetzt die beiden Ausdrücke für $f(\mathscr{D})$ gleichsetzen, so erhalten wir

$$g = |ay_1 - bx_1|.$$

Ist $ay_1 - bx_1 \geq 0$, so steht die ersehnte Formel bereits da; im Falle $ay_1 - bx_1 < 0$ müssen wir noch die Vorzeichen von x_1 und y_1 ändern, um die Behauptung zu erhalten.

*

Zur Übung möge der Leser mit der obigen Methode ganze Zahlen x_1 und y_1 so bestimmen, daß

$$13x_1 - 9y_1 = 1$$

ist.

12
Ein revolutionäres Währungssystem

Der Karle und der Gottlieb sitzen in einer Besenwirtschaft und schlotzen ein Viertele.

„ 's isch äbbes args, 's Zeug wird immer deirer."

„Ha jô, 's Sach isch nemme so billig wie frieher."

„Ha wa, frieher hot a Brezel 10 Pfennig koschtet, ond a Bäradreck oin."

„Des muß aber scho ziemlich lang her sei. Also heitzutag krigsch nix meh onder 30 Pfennig."

„Aber verrickte Preis hent die heit: Du krigsch äbbas für 30 Pfennig, irgendan Lompagruschd koscht 31 Pfennig, äbbas anders 32 Pfennig, ond so weiter: Für jeden Preis gibt's a Weckle, an Bäradreck, a Schräuble oder irgend an andra Leck-me-am-Arsch." – „An für sich isch onser Währungssyschdem für des ällas ja viel zu kompliziert!"

„Was du ett sagsch! – Sag amol, moinsch du damit äbbas bestimmts?"

„Dreimôl derfsch râta. 's isch doch so: Wenn du in dein Geldbeitel nei gugsch, no findesch dâ drin Markstück, Zehnerla, Fünferla, Pfennig, Hosaknöpf, Zweipfennigstück, Essensmarka, Zweimarkstück, Kinokarta, Fünfer, und so weiter. – Mr sott sich doch amol überlega, ob mer ett mit weniger Münzsorta auskomma könnt. Manchmal suchsch de jô dumm ond dubblig, bis du endlich im hinderschda Winkel no a Fuffzgerle für an Kaffee gfundo hosch. – Im Idealfall wär's am praktischsta, wenn mer bloß oi oinzige Münzsort hätt!"

„Oh du liabs Hergöttle! Du bisch mr an schöner Idealfall! Woisch, was dabei rauskomma tät? Mit Pfennig, einzelne Pfenig müßtesch dich b'helfa ... ond nô müßtescht erst recht lang grubla, bis du deine fuffzig Pfennig für an Kaffee z'samma hettsch!"

„No nix narrets! Du hosch jâ recht: mit bloß oiner Münzsort geht's ett gut. Aber vielleicht mit zwoi? Des wär doch au scho a mordsmäßige Erleichterung."

„Natürlich geht's mit zwoi, zum Beispiel Pfennig ond Zweipfennig."

„Hamballe, mit wellat, wenn mer scho unser Währungssyschtem revoluzionierat, au sparsam dabei vorganga. Saga mr, ... – also, 's isch jô so: Unter 30 Pfennig gibt's nix meh. Mir wellat also mit unsere Münza 30 Pfennig, 31 Pfennig, 32 Pfennig, ond so weiter zahla könna. Aber weil's zum Beispiel für 29 Pfennig nix gibts, soll mer des au nett zahla könna."

„Aha – also – saga mer amol – also, mit 5 Pfennig ond 10 Pfennig zum Beispiel geht's net."

„Ha, du bisch a Schlaule, pass bloß auf, daß se de ett zur Universität eiziehat!"

„Reiz mich nicht, sonsch verlier ich die Gewalt über mich. Also ..., also, ... – also i tät saga, jetzt nimmt jeder an Bierdeckel und probiert's."

„Des isch ettamol a ganz schlechter Gedanke. Mach aber ett zuviel Strich – des musch nämlich ällas zahla!"

5 Minuten später.

„Du, Gottlieb, dô gibt's jâ scheint's ganz verschiedene Möglichkeita."

„Jô, Karle, des hôn e au grad denkt."

„Gell, jetzt stôsch aber saudumm da mit deim ‚revoluzionära' Münzsyschdem! – Anna, bring mer no a Viertele!"

„Bringsch mir au no ois, i kôs braucha."

Weitere 5 Minuten später.

„Karle, du hôsch doch gsagt, mir wellat spara mit unserm Syschdem."

„Was heißt da ‚unser' Syschdem? Vorerst isch des amol meins!"

„Komm, reg me ett uff, i denk nämlich grad: Die Münza kostet doch au äbbas, wenn mer se macht. Ond natürlich isch's so, je meh druff stôht, desto größer isch se, desto meh kostet 's zum Macha."

„Aha, du moinsch also, daß mer die Münza so auswähla müßt, daß se zum Macha möglichst wenig kostet."

„Heidanei, du kommsch jô mit! Und zwar müßt mer se so macha, daß die Münza **z'samma** *möglichst wenig kostet. Also, zum Beispiel, wenn du Münza hosch zu 7 ond 20 isch des billiger wir wenn du Münza hosch zu 5 ond 28."*

„So, jetzt müßt mer amol probiera, wie des bei uns aussieht."

***

Wir wollen jetzt ganz nüchtern versuchen, die Gedanken von Karle und Gottlieb (jedenfalls die druckfähigen) nachzuvollziehen, indem wir den dahinterstehenden mathematischen Sachverhalt klären. Die Hauptschwierigkeit für uns ist die, überhaupt zwei Münzwerte für ein Währungssystem zu finden. Danach werden wir das Problem, das die beiden Gögen Karle und Gottlieb am Ende so sehr beschäftigt, ganz banal lösen können.

*

Gehen wir davon aus, daß die zu prägenden Münzsorten die Werte a und b haben. Wenn wir einen bestimmten Betrag mit solchen Münzen zahlen wollen, sagen wir mit x Münzen des Wertes a und y Münzen des Wertes b, so hat unser Betrag den Wert $x \cdot a + y \cdot b$, wobei x und y nichtnegative Zahlen sind. (Man kann ja nicht mit einer negativen Anzahl von Münzen bezahlen.)

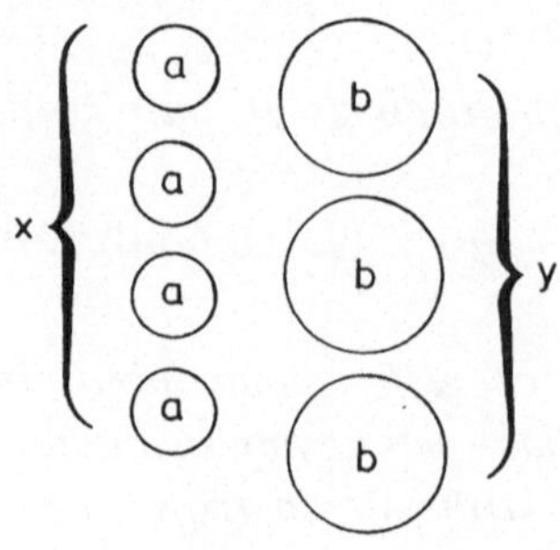

Bild 12-1

Die Frage lautet also: Welche natürlichen Zahlen n kann man in der Form

$$n = x \cdot a + y \cdot b \qquad \text{(mit nichtnegativen ganzen Zahlen } x, y\text{)}$$

schreiben? Oder, etwas anders gefragt:

Gibt es eine Grenze, oberhalb derer man jeden Betrag mit Münzen des Wertes a *oder* b *bezahlen kann?*

Diese letzte Frage hat sicherlich höchstens dann eine positive Antwort, wenn die Zahlen a und b den größten gemeinsamen Teiler 1 haben. Denn wenn a und b zum Beispiel den größten gemeinsamen Teiler 5 haben, so ist auch jede der Zahlen $x \cdot a + y \cdot b$ eine Fünferzahl. Daher könnte man insbesondere keinen der Beträge

6, 11, 16, 21, 26, 31, ...

mit diesen Münzen bezahlen. In diesem Fall kann es also keine solche ‚magische' Grenze geben. (Man erinnere sich an die Stelle des Eingangsdialogs, wo Gottlieb erwägt, das Münzsystem nur mit 5- und 10-Pfennigstücken auszustatten.)

Um also überhaupt eine Chance zu haben, ein funktionstüchtiges Währungssystem zu etablieren, müssen wir voraussetzen, daß a und b den größten gemeinsamen Teiler 1 haben. Das wollen wir im folgenden auch stets tun.

Unter diesen Umständen lautet die Antwort auf obige Frage „ja", und zwar gilt genauer:

Man kann **jeden** *Betrag, der größer als die „magische Grenze"* $ab-a-b$ *ist, mit Münzen der Werte* a *und* b *bezahlen, den Betrag* $ab-a-b$ *selbst jedoch nicht.*

*

Zuerst machen wir uns klar, daß die Zahl $ab-a-b$ **nicht** von der Form $xa+yb$ ist. Dazu nehmen wir das Gegenteil an; wir nehmen also an, es gäbe zwei nichtnegative ganze Zahlen x und y mit der Eigenschaft

$$ab-a-b=x\cdot a+y\cdot b.$$

Indem wir alle Vielfachen von a nach links bringen und dann a ausklammern, erhalten wir daraus

$$a(b-1-x)=b(y+1).$$

Offenbar ist die linke Seite dieser Gleichung ein Vielfaches von a; also muß auch die rechte Seite (d. h. die Zahl $b(y+1)$) ein Vielfaches von a sein.

Nun haben a und b den größten gemeinsamen Teiler 1. Das bedeutet, daß kein Teil von a in b aufgeht. Wir haben aber soeben gesehen, daß a die Zahl $b(y+1)$ ohne Rest teilt. Dies ist also nur so möglich, daß a schon ganz in der Zahl $y+1$ drinsteckt, daß also $y+1$ ein Vielfaches von a ist.

Daraus schließen wir insbesondere

$$y+1\geq a,\text{ also }y\geq a-1.$$

In einem zweiten Schritt lösen wir nun unsere Ausgangsgleichung nach b auf; d.h. wir schreiben

$$b(a-1-y)=a(x+1).$$

Daraus folgt entsprechend wie oben $x\geq b-1$.

Zusammen ergibt sich damit der folgende Widerspruch:

$$ab-a-b=xa+yb\geq(b-1)a+(a-1)b=ba-a+ab-b,$$

also, wenn man die linke und rechte Seite der Ungleichungskette zusammenfaßt,

$$0\geq ba.$$

Dies ist aber für zwei natürliche Zahlen a und b unmöglich.

Also war unsere Annahme falsch; *daher kann der Betrag* $ab-a-b$ *im Gegensatz zur Annahme nicht mit Münzen des Wertes* a *und* b *bezahlt werden.*

*

Nun kommen wir zur schwierigeren Hälfte der Behauptung. Wir müssen uns davon überzeugen, daß **jeder** Betrag $n > ab-a-b$ mit Münzen des Wertes a und b bezahlt werden kann. Mit anderen Worten: Es ist zu zeigen, daß es zu jeder Zahl $n > ab-a-b$ zwei nichtnegative Zahlen x und y gibt mit

$$n = x \cdot a + y \cdot b.$$

*

Dazu müssen wir etwas weiter ausholen. Stellen wir uns irgendeine Zahl z vor und teilen sie durch a. Dann gibt es verschiedene Möglichkeiten: Entweder die Division geht ohne Rest auf, oder es bleibt eben ein Rest. Dieser Rest kann 1, 2, 3, ..., oder $a-1$ sein. Größer als $a-1$ kann er aber nicht werden. Denn wäre der Rest größer oder gleich a, so hätte man die Zahl z mindestens einmal mehr durch a teilen können. Das bedeutet: Bei Division durch a ergibt sich als Rest eine der Zahlen

$$0, 1, 2, \ldots, a-1.$$

Die erste Nuß, die wir knacken müssen, ist der Nachweis der folgenden Behauptung: *Die* a *verschiedenen Zahlen*

$$0, b, 2b, 3b, \ldots, (a-1)b$$

ergeben bei Division durch a *jeweils verschiedene Reste. D.h.: Insgesamt kommen bei den obigen Zahlen* ***alle*** *möglichen Reste vor.*

Bevor wir uns die Sache allgemein klar machen, betrachten wir das **Beispiel** $a = 5$, $b = 7$:

Vielfache von b	0	7 (= b)	14 (= 2b)	21 (= 3b)	28 (= (a − 1)b)
Rest bei Division durch 5	0	2	4	1	3

Wir sehen: Die Reste treten zwar nicht in ihrer natürlichen Reihenfolge auf (das haben wir auch gar nicht behauptet!), aber es sind alle möglichen Reste.

Nun zum Beweis der allgemeinen Behauptung. Wieder nehmen wir das Gegenteil an: Seien $i \cdot b$ und $j \cdot b$ zwei unserer Zahlen, die bei Division durch a denselben Rest r ergeben. Da wir nur die Zahlen $0, b, \ldots, (a-1)b$ betrachten, liegen i und j zwischen 0 und $a-1$.

Die Tatsache, daß $i \cdot b$ und $j \cdot b$ bei Division durch a denselben Rest r haben, bedeutet, daß es Zahlen p und q gibt mit

$$i \cdot b = p \cdot a + r \quad \text{und} \quad j \cdot b = q \cdot a + r$$

(„$i \cdot b$ geteilt durch a ergibt p Rest r"). Nun schreiben wir dies um

$$i \cdot b - p \cdot a = r \quad \text{und} \quad r = j \cdot b - q \cdot a,$$

setzen die beiden Gleichungen zusammen

$$i \cdot b - p \cdot a = j \cdot b - q \cdot a,$$

und bringen die Vielfachen von a auf die eine, die Vielfachen von b auf die andere Seite:

$$(i-j) \cdot b = (p-q) \cdot a.$$

Wenn wir jetzt $p-q$ als eine einzige Zahl betrachten, so sehen wir, daß die rechte Seite ein Vielfaches von a ist. Daher ist auch die linke Seite (also die Zahl $(i-j)b$) ein Vielfaches von a. Da aber a und b den größten gemeinsamen Teiler 1 haben, folgt wie oben, daß bereits die Zahl $i-j$ ein Vielfaches von a sein muß.

Andererseits sind i und j Zahlen zwischen 0 und $a-1$. Daher ist ihre Differenz höchstens $a-1$ und mindestens $-(a-1)$; d.h.

$$-(a-1) \leq i-j \leq a-1.$$

Das einzige Vielfache von a, das zwischen 0 und $a-1$ liegt, ist aber – na? – Null! Also muß $i-j=0$ sein, was nichts anderes als $i=j$ bedeutet. Also? – Also sind unsere Ausgangszahlen $i \cdot b$ und $j \cdot b$ gleich gewesen.

Mit anderen Worten: Verschiedene Ausgangszahlen ergeben verschiedene Reste. Da wir insgesamt a Ausgangszahlen haben, erhalten wir auch a verschiedene Reste. Dies sind aber alle möglichen Reste.

Uff! Die erste Nuß wäre geknackt!

*

Nun zum zweiten Streich: Jetzt betrachten wir alle Zahlen, die bei Division durch a **denselben Rest**, sagen wir r, ergeben. Das sind die folgenden Zahlen:

$$r, a + r, 2a + r, 3a + r, \ldots$$

Diese Zahlen nennen wir auch die **Restklasse** von r.

Erinnern wir uns an unser Ausgangsproblem. Wir wollen wissen, welche Zahlen n sich in der Form $n = xa + yb$ darstellen lassen. Der entscheidende Trick besteht nun darin, daß wir nicht etwa die Zahlen n der Reihe nach abklappern, sondern daß wir jeweils eine ganze Restklasse auf einen Streich erledigen.

Wir fragen uns also: Welche Zahlen n der Restklasse von r sind mit Münzen des Wertes a oder b bezahlbar? Ganz einfach! Wir sehen zunächst nach, welche der Zahlen

$$0, b, 2b, 3b, \ldots, (a-1)b$$

beim Teilen durch a ebenfalls den Rest r läßt. (Aus unseren obigen Überlegungen wissen wir, daß es eine solche Zahl gibt!) Sei diese Zahl $i \cdot b$.

Sicherlich ist die Zahl $i \cdot b$ bezahlbar (nämlich mit i Münzen des Wertes b). Dann ist aber auch der Betrag von $a + i \cdot b$ bezahlbar (nämlich mit einer Münze des Wertes a und i des Wertes b). Dann ist aber auch $2a + i \cdot b$, $3a + i \cdot b$, usw. bezahlbar.

Anders ausgedrückt: *Jede Zahl* n *in der Restklasse, die* $i \cdot b$ *enthält, und die mindestens so groß ist wie* $i \cdot b$, *ist bezahlbar.*

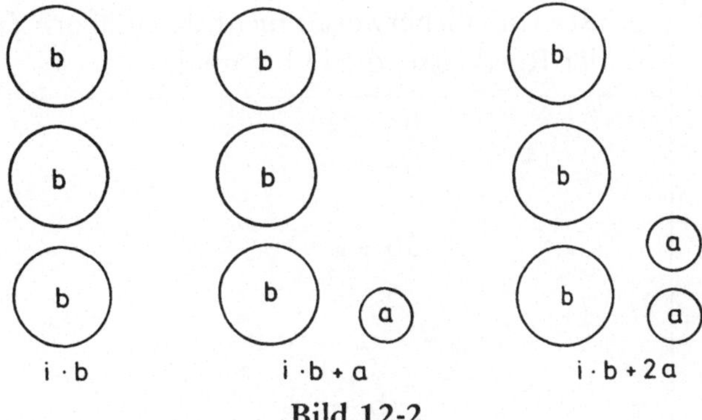

Bild 12-2

Welche Zahlen in dieser Restklasse können dann überhaupt nicht darstellbar sein? Nun, die Zahlen, die kleiner als $i \cdot b$ sind. Welches sind diese Zahlen? In dieser Restklasse sind dies die Zahlen

$$i \cdot b - a,\ i \cdot b - 2a,\ i \cdot b - 3a, \ldots$$

Das heißt:

Die größte (möglicherweise) nicht darstellbare Zahl in der Restklasse, die $i \cdot b$ *enthält, ist* $i \cdot b - a$.

Damit haben wir die Antwort auf unsere Frage schon fast in der Tasche. Denn jetzt müssen wir nur noch **alle** Restklassen betrachten, und nicht nur eine einzige. Dazu fassen wir das soeben erhaltene Ergebnis in folgender Tabelle zusammen:

i	größte (möglicherweise) nicht darstellbare Zahl in der Restklasse, die $i \cdot b$ enthält
0	$0 - a = -a$
1	$b - a$
2	$2b - a$
3	$3b - a$
.	.
.	.
.	.
i	$i \cdot b - a$
.	.
.	.
.	.
$a-1$	$(a-1)b - a$

Da in diesen a Restklassen alle natürlichen Zahlen vorkommen, ergibt sich, daß die größte (möglicherweise) nicht darstellbare natürliche Zahl die größte Zahl ist, die in der zweiten Spalte unserer Tabelle steht. Dies ist die Zahl $(a-1)b - a$. Auf den zweiten Blick stellt sich diese Zahl als $ab - a - b$ heraus. Daher haben wir das folgende Ergebnis erhalten:

Jede natürliche Zahl n, *die größer als* $ab - a - b$ *ist, läßt sich in der Form* $n = x \cdot a + y \cdot b$ *darstellen, wobei* x *und* y *nichtnegative Zahlen sind.*

Damit haben wir unsere Arbeit geleistet. Wir haben nämlich bewiesen: Jede Zahl, die größer ist als die magische Grenze $ab-a-b$ kann in der Form $xa+yb$ (mit nichtnegativen Zahlen x und y) geschrieben werden, die Zahl $ab-a-b$ selbst aber nicht.

*

Der Leser ist aufgefordert, den Beweis, insbesondere den zweiten Teil anhand des Beispiels $a = 5$, $b = 7$ nachzuvollziehen.

*

Zum Schluß wollen wir nun noch das Problem vom Karle und Gottlieb lösen. Jede Zahl, die größer oder gleich 30 ist, soll darstellbar sein, die Zahl 29 aber nicht. Nach der oben entwickelten Theorie müssen wir also Zahlen a und b finden mit

$$ab - a - b = 29,$$

oder – etwas besser geschrieben –

$$30 = ab - a - b + 1 = (a-1)(b-1).$$

Diese Gleichung hat die folgenden ganzzahligen Lösungen $a < b$:

a	2	3	4	6
b	31	16	11	7

Mit all diesen Kombinationen kann man das Währungssystem gestalten. Das ‚billigste' Münzsystem, also das, bei dem die Summe der beiden Münzwerte minimal ist, besteht folglich aus Münzen mit den Werten 6 und 7.

13
Wer zählt die Völker, nennt die Namen?
oder
Die EULERsche Polyederformel

Nachdem wir im Abschnitt über Induktion die Länder gewisser Landkarten gefärbt haben, wollen wir diese Länder nun zählen. Wir werden eine außerordentlich nützliche Formel herleiten, die auf den großen Mathematiker L. Euler (1707–1783) zurückgeht. Diese ,,Eulersche Polyederformel" stellt einen Zusammenhang zwischen den Anzahlen der Länder, Grenzen und ,,Ecken" einer beliebigen Landkarte her.

*

Im Gegensatz zu früher betrachten wir jetzt nicht nur römische Landkarten, sondern ganz beliebige. Das bedeutet, daß die Grenzen der Länder krumm und gerade, gewunden und eckig sein dürfen – gerade so, wie es in Wirklichkeit der Fall ist.

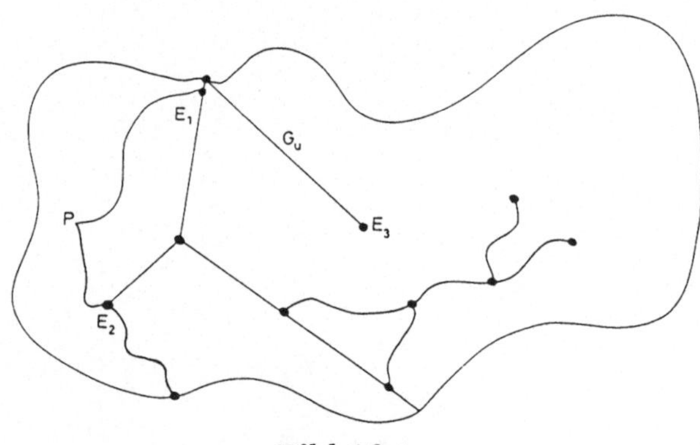

Bild 13-1

Außerdem wollen wir großzügigerweise auch ‚unnötige' Grenzen zulassen, also Grenzen, die nicht zwei Länder voneinander trennen; das sind Grenzen, die in ein Land hineinragen, aber auf jeder Seite vom selben Land umgeben sind. In obiger Landkarte (Bild 13-1) stellt G_u eine solche überflüssige Grenze dar. (Die Einführung solcher Grenzen widerspricht natürlich eklatant der militärischen Maxime der Minimierung der Gesamtlänge der Grenzen eines Landes; für unsere harmlosen mathematischen Vorhaben wird sich diese Großzügigkeit aber gut auszahlen.)

Was die **Länder** (oder **Gebiete** oder **Flächen**) unserer Landkarte sind, ist bestimmt klar – vielleicht mit einer kleinen Einschränkung: Wir wollen das **äußere Gebiet** stets mitbetrachten. (Wir fassen sozusagen das alles umgebende Meer auch als ein Gebiet auf.) Die Anzahl der Flächen unserer Landkarte sei stets mit f bezeichnet. In obigem Beispiel ist also $f = 6$.

Der nächste Begriff, den wir klären müssen, ist der Begriff der Ecke. **Ecken** sind Punkte, die auf Grenzen liegen – aber, man hat gewisse Freiheiten, welche Punkte man als Ecken betrachten will und welche nicht.

Folgende Punkte sind unter allen Umständen Ecken; sie bilden sozusagen die Minimalausstattung an Ecken:

- Punkte, in denen drei oder mehr Länder aneinanderstoßen, und
- Punkte, von denen genau eine Grenze ausgeht.

Jeder weitere Punkt auf einer Grenze **kann** zu einer Ecke erklärt werden, muß aber nicht. Wir wollen jedoch dieses Spiel nicht bis zum Exzeß treiben und zum Beispiel nicht alle Punkte auf Grenzen zu Ecken machen. Deshalb vereinbaren wir, daß es insgesamt nur **endlich viele** Ecken geben soll.

Die Gesamtzahl aller Ecken sei e.

Bei unserer obigen Landkarte müssen also E_1, E_2 und E_3 Ecken sein, während wir uns entscheiden können, ob wir den Punkt P als Ecke zählen wollen.

Schließlich wollen wir unter einer **Grenze** (manchmal auch **Kante** genannt) ein Stück der „Gesamtgrenze" eines Landes verstehen, das zwischen zwei benachbarten Ecken verläuft. Liegt am Rande eines Landes nur eine Ecke, so betrachten wir die „Gesamtgrenze" dieses Landes als Grenze. In jedem Fall ist eine Grenze entweder durch zwei Ecken abgeschlossen, oder sie enthält eine einzige Ecke.

Die Anzahl aller Grenzen unserer Landkarte bezeichnen wir mit g.

*

Die Eulersche Polyederformel stellt einen ganz starken Zusammenhang zwischen den Größen f, e und g her. Bevor wir diesen Satz formulieren können, brauchen wir aber noch einen einfachen Begriff.

Alle Landkarten, die wir betrachten, sollen **zusammenhängend** sein. Das bedeutet, daß man von einer Ecke ausgehend zu jeder beliebigen anderen kommen kann, indem man nur auf Grenzen läuft. (Man kann sich das so vorstellen, daß die Landkarte nur aus einem Kontinent zusammen mit dem ihn umgebenden Meer besteht.)

*

Was der folgende Satz mit „Polyedern" (also räumlichen Gebilden) zu tun hat, verraten wir erst im nächsten Kapitel; wir formulieren ihn als Satz über Landkarten.

Eulersche Polyederformel. *Für jede zusammenhängende Landkarte gilt*

$$e + f = g + 2.$$

Eine Konsequenz dieses Satzes ist die Tatsache, daß man aus je zweien der Zahlen e, f, g die dritte völlig trivial ausrechnen kann.

*

Nun zum **Beweis** dieses Satzes. Dieser erfolgt durch Induktion nach der Anzahl g der Grenzen. Sei A(g) die Aussage ‚jede zusammenhängende Landkarte mit genau g Grenzen genügt der Eulerschen Polyederformel'. Um die Aussage A(g) zu beweisen, müssen wir in einem ersten Schritt die Aussage A(1) nachweisen.

Dazu müssen wir die Karten mit genau einer Grenze betrachten. Davon gibt es zwei verschiedene Typen: Die eine Sorte von Karten hat genau zwei Ecken und nur ein Gebiet – die ganze Karte besteht sozusagen nur aus einer in ein allumfassendes Meer eingezeichneten Grenze. Es gilt also

$$e = 2, f = 1, g = 1.$$

Insbesondere ist daher $e + f = g + 2$.

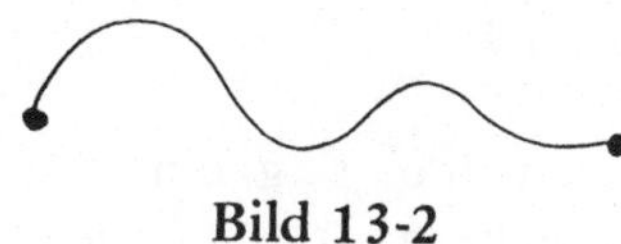

Bild 13-2

Der zweite Typ besteht aus Karten mit nur einer Ecke. Dann umschließt die Grenze ein Land; also ist $f = 2$. Es folgt

$$e + f = 1 + 2 = g + 2.$$

Im zweiten Schritt müssen wir nun für jede Zahl $i < g$ zeigen, daß aus $A(i)$ die Aussage $A(i + 1)$ folgt.

Nehmen wir also an, daß $A(i)$ gilt, und betrachten wir eine beliebige zusammenhängende Landkarte mit $g = i + 1$ Grenzen. Wir unterscheiden zwei Möglichkeiten.

1. Möglichkeit. Es gibt eine Ecke E, die auf genau einer Grenze, genannt G, liegt. (Bild 13-3).

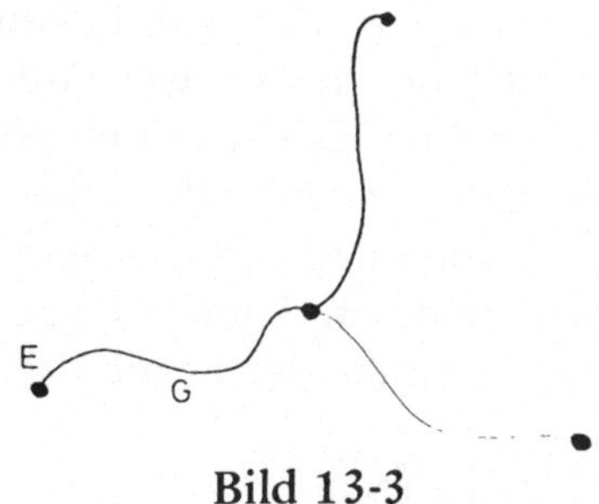

Bild 13-3

Dann ist G eine „unnötige" Grenze und trennt nicht zwei Gebiete. Das bedeutet: Die Karte, die durch Entfernen von E und G entsteht, hat zwar eine Ecke und eine Grenze weniger, aber genau so viele Länder wie die ursprüngliche Karte.

Bezeichnen wir mit e', f', g' die Anzahlen der Ecken, Flächen, Grenzen der neuen Karte, so ist also

$$e' = e - 1,\ f' = f,\ g' = g - 1 = i.$$

Wegen $g' = i$ können wir die Induktionsannahme A(i) auf die neue Karte anwenden und erhalten

$$e' + f' = g' + 2.$$

Nun setzen wir die Werte von e', f', g' ein:

$$(e-1) + f = e' + f' = g' + 2 = (g-1) + 2,$$

also

$$e + f = g + 2.$$

Somit gilt die Eulersche Polyederformel in diesem Fall.

2. Möglichkeit. Jede Ecke liegt auf mindestens zwei Grenzen. In dieser Situation gibt es mindestens zwei Länder. (Stellen wir uns einen Kobold vor, der nur auf Grenzen laufen kann. Da von jeder Ecke mindestens zwei Grenzen ausgehen, gerät er nie in eine Sackgasse. Da es aber nur endlich viele Ecken gibt, muß der Kobold irgendwann zu einer schon betretenen Ecke zurückkommen. Dann hat er eines oder mehrere Länder umschritten. Da er auch nie ins äußere Gebiet vorgestoßen ist, gibt es also mindestens zwei Gebiete.)

Betrachten wir nun ein Land und seine Grenzen. Wir entfernen eine dieser Grenzen, behalten aber alle Ecken bei. (Da bei der ursprünglichen Karte an jeder Ecke zwei Grenzen anstoßen, ist auch das neue Gebilde eine Landkarte in unserem Sinne.) Dann ist eine Grenze zwischen zwei Ländern offen; diese Länder sind also (mathematisch gesehen) vereinigt. Anders ausgedrückt: Die neue Karte hat eine Grenze und ein Land weniger. Bezeichnen wir wieder mit e', f', g' die Anzahlen der Ecken, Flächen, Grenzen der neuen Karte, so gilt:

$$e' = e,\ f' = f-1,\ g' = g-1 = i.$$

Wieder können wir nun wegen $g' = i$ auf die neue Karte die Induktionsannahme anwenden. Diese sagt uns

$$e' + f' = g' + 2.$$

Daraus folgt nun

$$e + (f-1) = e' + f' = g' + 2 = (g-1) + 2,$$

also auch

$$e + f = g + 2.$$

Damit gilt die Eulersche Polyederformel auch in diesem Fall. Also gilt $A(i+1)$, und damit haben wir die Eulersche Polyederformel allgemein gezeigt.

*

Wir wollen in diesem Abschnitt noch zwei Anwendungen dieses Satzes behandeln.

1. *Kann man fünf Punkte so in der Ebene arrangieren, daß man sie zu je zweien durch eine Linie verbinden kann, und zwar so, daß sich diese Verbindungslinien höchsten in einem dieser fünf Punkte schneiden?*

Versucht man, die Aufgabe zeichnerisch zu lösen, so wird man (in der Regel erst bei der letzten Linie) Schiffbruch erleiden. Ein einsichtiger Beweis, daß ein solches Arrangement unmöglich sei, gelingt aber auch nicht. Mit Hilfe der Eulerschen Polyederformel ist ein solcher Unmöglichkeitsbeweis aber nicht allzuschwer.

Angenommen, man könnte die 5 Punkte zusammen mit ihren $4+3+2+1 = 10$ Verbindungen „überschneidungsfrei" in die Ebene zeichnen. Dann hätten wir eine Landkarte mit $e = 5$ Ecken und $g = 10$ Grenzen.

Wir berechnen nun die Anzahl der Länder dieser Karte auf zwei Arten und werden so einen Widerspruch erhalten.

Da es in unserem Fall keine Ecke gibt, die auf nur einer Grenze liegt (in der Tat liegt jede Ecke auf genau vier Grenzen), gibt es keine ‚unnötigen' Grenzen. Folglich trennt jede Grenze genau zwei

Gebiete. Da jedes Land aber von mindestens drei Grenzen umgeben ist, kann es höchstens

$$\frac{g \cdot 2}{3} = \frac{10 \cdot 2}{3}$$

verschiedene Länder geben. Insbesondere ist die Anzahl der Länder kleiner als 7.

Andererseits sagt uns die Eulersche Polyederformel unwiderlegbar

$$f = g + 2 - e = 10 + 2 - 5 = 7.$$

Dieser Widerspruch zeigt, daß das geforderte Arrangement von Punkten und Linien **nicht** möglich ist.

*

2. **Knospen.** Das folgende Zweipersonenspiel geht auf J. H. Conway zurück. Es erhielt den Namen **Sprouts (Knospen)**.

Vor Beginn des eigentlichen Spiels werden n Punkte (**Ecken**) auf ein Blatt Papier gezeichnet. Zwei Spieler machen abwechselnd einen Zug; dabei besteht ein **Zug** aus den beiden folgenden Operationen:

(i) *Man verbinde zwei Ecken* A, B *durch eine Linie beliebiger Gestalt; diese Linie darf keine schon gezeichnete Linie kreuzen und auch durch keine Ecke außer* A *und* B *gehen. Man darf auch eine Ecke* A *mit sich selbst durch eine* ***Schlinge*** *verbinden.*

Dies alles muß aber so geschehen, daß von jeder Ecke ***höchstens drei*** *solcher Linien ausgehen; eine Schlinge wird dabei als zwei Linien gezählt.*

(ii) *Auf die neue Linie wird an einer beliebigen Stelle (verschieden von* A *und* B*) eine neue Ecke angebracht.*

Verloren hat derjenige Spieler, der als erster nicht mehr ziehen kann.

*

Schauen wir uns zunächst einige Beispiele dieses Knospenspiels an.

n = 1:

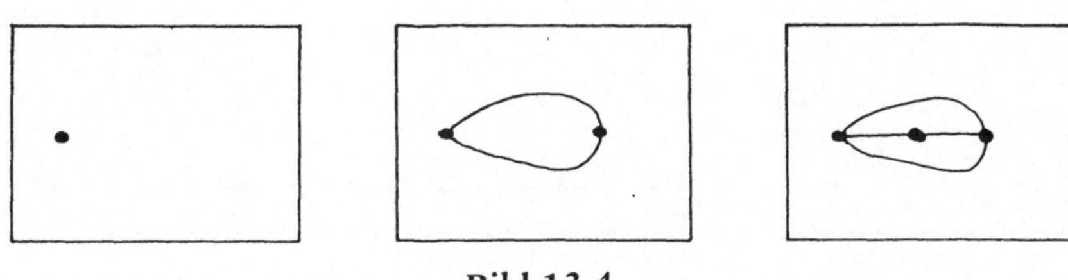

Bild 13-4

Der zweite Spieler gewinnt.

n = 2:

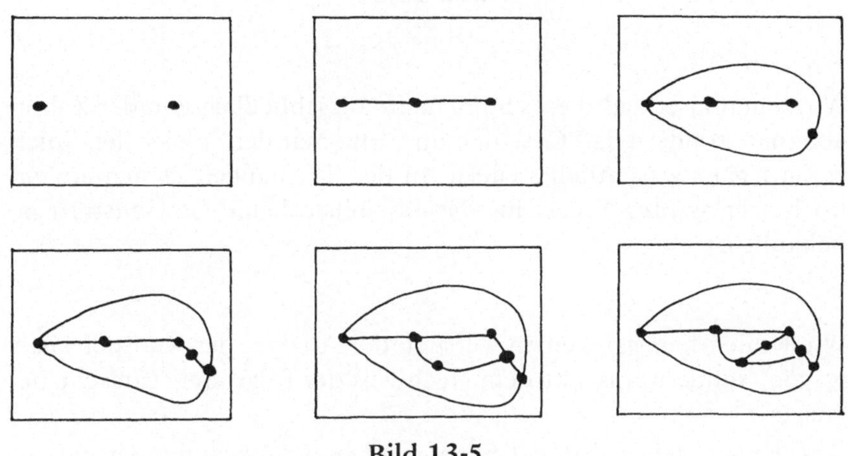

Bild 13-5

Jetzt hat der erste Spieler gewonnen; es gibt aber auch einen Spielverlauf, bei dem der zweite Spieler die Oberhand behält:

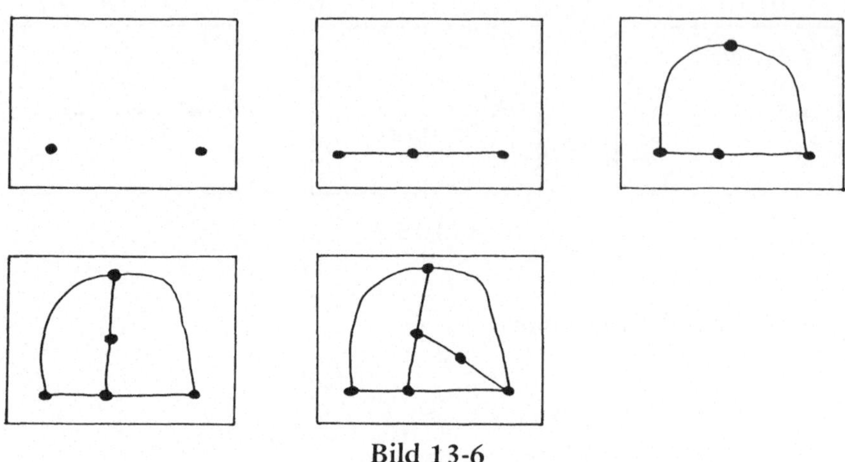

Bild 13-6

Wir sehen also, daß dieses Spiel nicht ausschließlich von der Zahl n abhängt, sondern daß Geschick und Klugheit der Spieler den Spielverlauf ganz wesentlich steuern. In der Tat handelt es sich um ein hochinteressantes Spiel, für das bis heute keine Gewinnstrategie bekannt ist.

*

Wir wollen hier gar keinen Versuch der Analyse des Knospenspiels wagen, sondern uns mit dem Nachweis der folgenden Tatsache begnügen:

Das Knospenspiel hat bei n *vorgegebenen Ecken mindestens* 2n *und höchstens* $3n-1$ *Spielzüge.*

Die *obere Abschätzung* kann man sich ziemlich leicht klar machen. Zu Beginn des Spiels hat jede Ecke genau drei „Freiheiten"; das soll bedeuten, daß an jeder Ecke potentiell drei Linienenden anstoßen können. Bei jedem Zug werden bei der Operation (i) zwei

Freiheiten zerstört. (Verbindet die gezeichnete Linie zwei verschiedene Ecken A und B, so entfällt für A und B jeweils eine Freiheit; verbindet man eine Ecke mit sich selbst durch eine Schlinge, so werden für diese Ecke zwei Freiheiten zerstört.) Im Teilschritt (ii) wird zwar wieder eine Ecke hinzugefügt, die aber von vornherein nur eine Freiheit hat.

Summa summarum wird die Anzahl der Freiheiten bei jedem Zug um Eins vermindert. Da zu Beginn 3n Freiheiten vorhanden sind, kann es keinen 3n-ten Zug mehr geben. Folglich ist das Spiel spätestens mit dem $(3n-1)$-ten Zug beendet.

Nun zur *Abschätzung nach unten:* Stellen wir uns vor, das Spiel sei nach genau z Zügen beendet. Dann haben wir eine Landkarte mit $n+z$ Ecken und genau 2z Grenzen. (Denn bei jedem Zug entsteht ja zunächst eine Grenze, die aber sofort geteilt wird; insgesamt erhalten wir also pro Zug zwei Grenzen.)

Es ist klar, daß jede Ecke noch höchstens eine Freiheit hat (sonst hätte man diese Ecke durch eine Schlinge mit sich selbst verbinden können, und das Spiel wäre noch nicht beendet gewesen), und daß am Rand eines jeden Gebiets höchstens eine Ecke mit noch einer Freiheit liegt (gäbe es zwei solcher Ecken, so könnte man sie durch eine Linie innerhalb des betrachteten Gebiets verbinden, und auch in diesem Fall wäre das Spiel nicht zu Ende).

Sei nun a die Anzahl der Ecken mit (genau) einer Freiheit. Da jede solche Ecke auf dem Rand von genau zwei Gebieten liegt, folgt aus den obigen Überlegungen, daß es genau 2a Länder gibt, an deren Rand eine Ecke mit noch einer Freiheit liegt. Da es auch noch andere Länder geben könnte, folgt

(1) $f \geq 2a$.

Nun wollen wir die Zahl a berechnen. Wir behaupten

(2) $a = 3n - z$.

(*Denn:* Von jeder der a Ecken mit einer Freiheit gehen genau zwei Linien aus, während von den restlichen $n+z-a$ Ecken genau drei Linien ausgehen, da diese ja keine Freiheit mehr haben. Da andererseits jede Grenze genau zwei Ecken hat, gilt

$$a \cdot 2 + (n+z-a) \cdot 3 = g \cdot 2 = 2z \cdot 2 = 4z,$$

also

$$3n - z = a.$$

Bei diesen Berechnungen ist stets zu bedenken, daß eine Ecke, die mit sich selbst durch eine Schlinge verbunden ist, doppelt gezählt wird, sozusagen einmal als ‚Anfang' und einmal als ‚Ende'.)

Schließlich bringen wir wieder die Eulersche Polyederformel als Joker ins Spiel:

(3) $f = g + 2 - e = 2z + 2 - (n + z) = z + 2 - n.$

Wenn wir die Formeln (1), (2), (3) zusammensetzen, erhalten wir

$$3n - z + 1 = a + 1 \leq 2a \leq f = z + 2 - n,$$

also

$$4n - 1 \leq 2z.$$

Daraus folgt $z \geq 2n - \frac{1}{2}$, also $z \geq 2n$, da z ja eine ganze Zahl ist. (In der letzten Ungleichungskette haben wir benutzt, daß $a \neq 0$ ist; dies ist aber erlaubt, denn in jedem Spielzug, insbesondere also im letzten, wird eine Ecke mit genau einer Freiheit geschaffen.)

*

Das Knospenspiel ist – wie gesagt – eines der interessantesten Papier-und-Bleistift-Spiele. Ich empfehle es nachdrücklich, zumal man damit viele sonst öde Stunden zu Haus und in der Schule reizvoll gestalten kann.

14
Reguläre Körper – ein antikes Schönheitsideal

Was ein reguläres n-Eck ist, weiß wahrscheinlich jeder. Es gibt reguläre Dreiecke (das sind die gleichseitigen Dreiecke), reguläre Vierecke (die Quadrate), reguläre Fünfecke, Sechsecke, usw. Für jede natürliche Zahl $n \geq 3$ gibt es ein reguläres n-Eck. Jahrtausendeland haben sich die Mathematiker damit beschäftigt, zu erforschen, welche davon mit Zirkel und Lineal allein zu konstruieren sind. Damit wollen wir uns aber hier nicht beschäftigen; unser Ziel soll vielmehr sein, zu sehen, was den regulären n-Ecken im Raum entspricht. Die entsprechenden Gebilde werden wir **reguläre Körper** nennen.

*

Die exakte Definition der regulären Körper schieben wir noch etwas auf. Wir können uns aber jetzt schon darüber unterhalten, welche Beispiele regulärer Körper uns einfallen.

Da ist zunächst der **Würfel** und das **Tetraeder**. Manchem wird auch noch das **Oktaeder** einfallen; dies ist ein Körper, der aus zwei Pyramiden mit quadratischem Grundriß zusammengesetzt ist. An das **Dodekaeder** und das **Ikosaeder** wird wohl nur der denken, der diese Körper schon mal gesehen hat. Das Dodekaeder besteht aus zwölf regulären Fünfecken, und das Ikosaeder hat als Begrenzungsflächen zwanzig gleichseitige Dreiecke.

Die Namen für diese Körper kommen aus dem Griechischen. „Polyeder" heißt „Vielflächner". „Tetra", „okto", „dodeka", „ikosi" sind die Zahlen „vier", „acht", „zwölf", „zwanzig". Ein Dodekaeder ist also ein Zwölfflächner, d.h. ein Körper mit zwölf Begrenzungsflächen.

In Bild 14-1 sehen Sie diese fünf sogenannten **platonischen** Körper zunächst in einer räumlichen Darstellung und daneben „abgewickelt“. Eine solche Abwicklung ist nichts anderes als ein Bauplan für den entsprechenden Körper. Ich empfehle Ihnen, sich von jedem dieser Körper ein Modell zu basteln. (Denken Sie beim Ausschneiden daran, daß Sie noch Laschen zum Zusammenkleben brauchen.) Sie werden beim Zusammensetzen dieser berühmten Strukturen eine ganze Menge Gefühl für diese Körper kriegen, die seit Jahrtausenden Forscher und Künstler fasziniert haben.

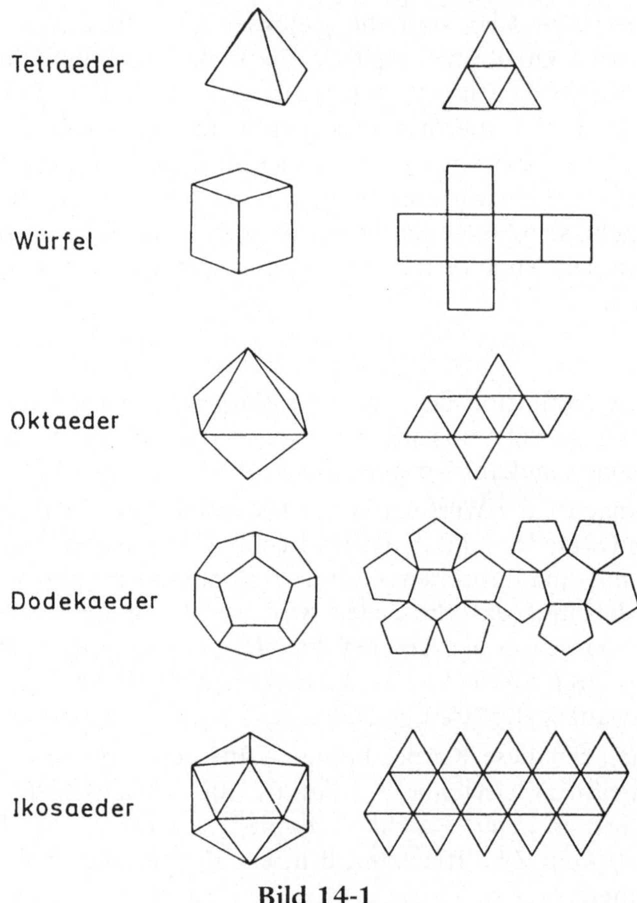

Bild 14-1

Tetraeder, Würfel und Oktaeder treten in der Natur als Kristalle auf. Alle fünf platonischen Körper wurden in Platons „Akademie" im 4. vorchristlichen Jahrhundert intensiv studiert. Die damaligen Gelehrten untersuchten nicht nur die geometrischen Eigenschaften dieser Strukturen; vielmehr hatten diese Gebilde auch einen hohen symbolischen Stellenwert in der Philosophie. Tetraeder, Würfel, Oktaeder und Ikosaeder repräsentierten die vier „Elemente" des Altertums, nämlich Feuer, Erde, Luft und Wasser. Das Dodekaeder hatte zunächst kein Äquivalent; im Mittelalter wurde ihm dann die „Quintessenz", das fünfte Seiende, zugeordnet.

*

Die Frage, der wir hier nachgehen wollen, lautet einfach: **Sind die fünf platonischen Körper die einzigen regulären Körper?**

Zuerst müssen wir uns darüber klar werden, was „regulär" heißen soll. Das wird **die** gemeinsame Eigenschaft der platonischen Körper sein. Doch dazu müssen wir etwas weiter ausholen.

Ein **Polyeder** ist ein Gebilde im Raum, das durch endlich viele Ebenen bzw. Halbebenen begrenzt wird. Diese Begrenzungsflächen berühren das Polyeder in (regulären oder nichtregulären) Vielecken. Zum Beispiel ist jede Pyramide und jeder (3-dimensionale) Weihnachtsstern ein Polyeder. Ein Polyeder **P** heißt **konvex**, falls jede Strecke zwischen zwei Punkten aus **P** nur aus Punkten von **P** besteht. Beispielsweise sind Pyramiden konvex, Weihnachtssterne jedoch nicht.

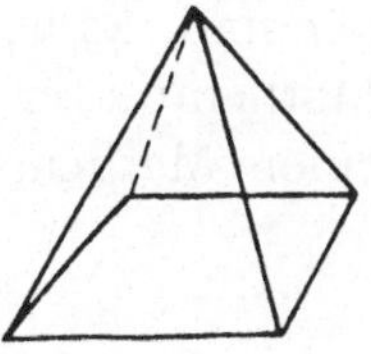
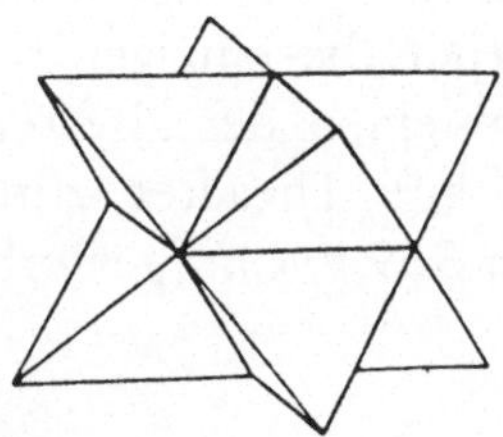

Bild 14-2

Eine **Fläche** eines Polyeders **P** ist der Teil von **P**, der auf einer Begrenzungsebene liegt. Zum Beispiel sind sämtliche Flächen eines Dodekaeders reguläre Fünfecke. Zwei Flächen, die mehr als einen Punkt von **P** gemeinsam haben, schneiden sich in einer **Kante** (oder **Grenze**). Ein Punkt von **P** heißt eine **Ecke**, falls an ihn mindestens drei Flächen angrenzen.

Nun kommen wir zur entscheidenden Definition. Ein konvexes Polyeder **K** heißt ein **regulärer Körper**, falls es die folgenden Eigenschaften hat:

Es gibt zwei natürliche Zahlen n und m, so daß gilt

a) Jede Fläche von **K** ist ein reguläres n-Eck.

b) An jeder Ecke von **K** treffen genau m Kanten zusammen.

Anders gesagt: Jede Fläche ist ein reguläres Vieleck mit gleichvielen Kanten (nämlich n) und jede Ecke hat gleichviele Kanten nämlich m).

*

Nun schauen wir uns als erstes die platonischen Körper genau an, um zu sehen, ob sie reguläre Körper sind. Bestimmt sind diese Körper konvexe Polyeder, und die Werte von n und m lauten wie folgt:

Körper	Tetraeder	Würfel	Oktaeder	Dodekaeder	Ikosaeder
n	3	4	3	5	3
m	3	3	4	3	5

Wir werden uns im folgenden klar machen, daß diese fünf platonischen Körper die einzigen regulären Körper sind. Es handelt sich hierbei um einen der ältesten Sätze der Mathemtik; er wird üblicherweise auf Theaetet zurückgeführt, einen Mathematiker aus Athen, der 369 v. Chr. gestorben ist.

*

Sei nun **K** ein regulärer Körper, bei dem jede Fläche n Kanten und jede Ecke m Kanten hat. Es ist zu zeigen, daß **K** einer der fünf platonischen Körper ist. Dazu werden wir vorerst *nicht* benützen, daß jede Fläche ein *reguläres* Vieleck ist.

Mit e, f, g bezeichnen wir die Anzahlen der Ecken, Flächen und Kanten von **K**. Zuerst stellen wir zwei einfache Gleichungen zwischen diesen drei Größen auf.

(1) Da an jeder Ecke genau m Kanten angrenzen, zählt $e \cdot m$ alle Kanten – und zwar jede Kante genau zweimal, da sie ja genau zwei Ecken hat. Also ist $\frac{e \cdot m}{2}$ die genaue Anzahl der Kanten. Das heißt:

$$e \cdot m = 2g.$$

(2) Jede Fläche hat genau n Begrenzungskanten. Daher ist $f \cdot n$ die Anzahl aller Kanten, wobei jede Kante doppelt gezählt wurde, da eine Kante ja stets genau zwei Flächen begrenzt. Also ist

$$g = \frac{f \cdot n}{2}, \text{ das heißt } f \cdot n = 2g.$$

(3) Nun wollen wir die Eulersche Polyederformel auf **K** anwenden (und so insbesondere den Namen ‚Polyeder'formel rechtfertigen). Auf den ersten Blick sieht unser regulärer Körper aber nicht wie eine Landkarte aus – und nur auf eine solche können wir die Eulersche Polyederformel anwenden. Wir müssen **K** also zu einer Landkarte ‚plätten'. Um zu erkennen, wie man das machen kann, sehen wir uns Bild 14-3 an (vgl. Coxeter, Introduction to Geometry).

Hier sind neben den platonischen Körpern ihre sogenannten **Schlegel-Diagramme** aufgezeichnet. Diese entstehen so, daß man den betreffenden Körper von einem Punkt aus betrachtet, der ein ganz klein wenig außerhalb des Zentrums einer Fläche F liegt. Diese Fläche F wird dann zu einem großen Gebiet, in dessen Innern man den restlichen Körper erkennt. Wir erhalten zunächst mal ein ebenes Bild unseres Körpers.

Man kann sich diese Prozedur auch wie folgt vorstellen. Der platonische Körper sei aus Stäben zusammengefügt, die die Kanten darstellen. Dann projezieren wir den Körper mittels einer Glühbirne

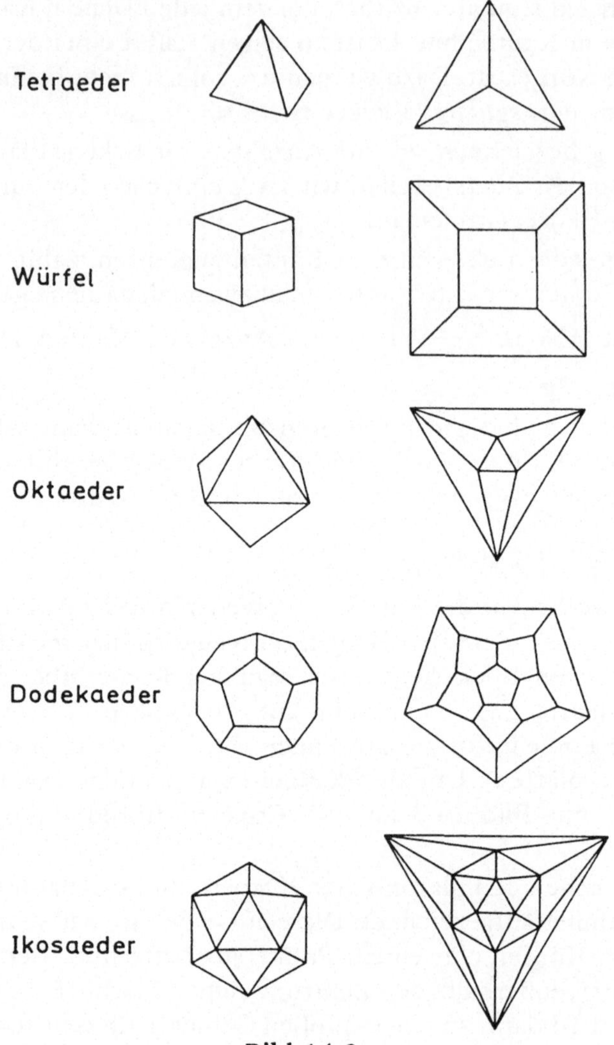

Bild 14-3

an die Wand, indem wir eine Fläche des Körpers sehr nahe an die Lichtquelle halten. Der Schattenriß an der Wand ist dann das Schlegel-Diagramm.

Es gilt, daß sich zwei Kanten des Bildes nur in einer Ecke (und nicht sonstwo) schneiden. (Denn andernfalls müßte der Sehstrahl des Beobachters (bzw. ein von der Glühbirne ausgehender Lichtstrahl) inmitten einer Kante den Körper verlassen und in einem Punkt der anderen Kante wieder in den Körper eindringen. Dies wiederspricht aber der Konvexität des betrachteten Körpers.)

Daher hat das Schlegel-Diagramm, das wir nun auch als Landkarte interpretieren können, genau so viele Ecken, Grenzen und Flächen wie der Ausgangskörper. (Wir beachten dabei, daß die Fläche F, von der aus wir den Körper betrachten, zum äußeren Gebiet wird.)

Eine solche Prozedur können wir bei jedem konvexen Polyeder, insbesondere also bei unserem regulären Körper **K** durchführen. Mit anderen Worten: Wir können auf **K** die Eulersche Polyederformel anwenden:

$$e + f = g + 2.$$

(4) Nun kombinieren wir die drei bisher erhaltenen Gleichungen in folgender Weise:

$$2 = e + f - g = e + \frac{2g}{n} - g = e - g \cdot \frac{n-2}{n}$$
$$= e - \frac{e \cdot m}{2} \cdot \frac{n-2}{n} = \frac{e}{2n}(2n - m(n-2))$$
$$= \frac{e}{2n}(4 - (n-2)(m-2)).$$

Daraus ziehen wir den folgenden Schluß: Da die Zahlen 2 und $\frac{e}{2n}$ positiv sind, muß auch die Zahl $4 - (n-2)(m-2)$ positiv sein. Das bedeutet

$$4 > (n-2)(m-2).$$

Da n und m natürliche Zahlen mit $n, m \geq 3$ sind, ergeben sich daraus nur die folgenden Möglichkeiten:

$$(n, m) = (3, 3), (3, 4), (3, 5), (4, 3), (5, 3).$$

Daraus kann man sich mit Hilfe der obigen drei Gleichungen auch die entsprechenden Werte von e, f und g berechnen:

(n, m)	(3, 3)	(3, 4)	(3, 5)	(4, 3)	(5, 3)
e	4	6	12	8	20
f	4	8	20	6	12
g	6	12	30	12	30

Insbesondere bemerken wir, daß die Anzahl der Ecken und Flächen durch Vorgabe von n und m eindeutig festgelegt ist.

(5) Nun ist es nicht mehr allzu schwierig, zu sehen, daß **K** einer der platonischen Körper ist. – Freilich, knifflig ist es schon; wir müssen nämlich – unter Ausnutzung der gesamten bislang erhaltenen Informationen – versuchen, den Körper **K** – jedenfalls in Gedanken – zu konstruieren. Dabei werden wir insbesondere die bisher vernachlässigte Tatsache berücksichtigen, daß die Flächen von **K reguläre** n-Ecke sind.

Zunächst schauen wir uns die vergleichsweise einfachen Fälle an, bei denen m = 3 ist, also an jeder Ecke genau drei Flächen zusammenkommen.

1. Fall. m = n = 3.

Betrachten wir eine Ecke E. Da alle an E angrenzenden Flächen gleichseitige Dreiecke sind, sieht **K** ‚in der Nähe' von E so aus wie das Tetraeder. Ferner enthalten die an E angrenzenden Flächen bereits alle vier Ecken. Also muß man nur noch gegenüber von E den Körper **K** durch eine Fläche abschließen. – Wie man sieht, hat sich **K** als Tetraeder herausgestellt.

2. Fall. m = 3, n = 4.

In diesem Fall müssen wir zeigen, daß **K** der Würfel ist. Die drei an eine Ecke E anstoßenden (quadratischen) Flächen sind genau die Hälfte aller Flächen von **K** und überdecken alle Ecken von **K** – außer genau einer, die E' heißen möge. Das heißt, die an E angrenzenden Flächen bilden einen ‚halben Würfel'. Da die Sache von E' aus genau so aussieht, brauchen wir nur noch diese beiden halben Würfel zusammensetzen, und – fertig ist die Laube.

3. Fall. m = 3, n = 5.

Jetzt ist zu zeigen, daß **K** das Dodekaeder ist. Stellen wir uns zu diesem Zweck eine Fläche F vor. Diese bildet zusammen mit den an sie angrenzenden Flächen ein Gebilde, das genau so wie ein halbes Dodekaeder aussieht.

Außerhalb dieses ‚halben Dodekaeders' können nur noch fünf Ecken liegen; diese Ecken sind die fünf Ecken einer Fläche F'. Man sieht, daß jede Fläche von **K** in dem halben Dodekaeder liegt, der von F bestimmt wird oder in dem, der von F' bestimmt wird. Wir müssen jetzt nur noch diese halben Dodekaeder zusammenfügen – und sehen, daß **K** tatsächlich das Dodekaeder ist.

Bei den beiden letzten Fällen ist noch eine spezielle Schikane eingebaut. Da bei diesen Körpern an einer Ecke E vier bzw. fünf Flächen angrenzen, sieht das Gebilde aus diesen Flächen nicht automatisch aus wie ein Teil des Oktaeders oder des Ikosaeders – im Gegenteil: dieser **Hut** mit **Spitze** E kann ganz ebenmäßig geformt sein, aber auch ziemlich flachgedrückt dastehen.

4. Fall. m = 4, n = 3.

Der Hut mit Spitze E, der hat fünf Ecken; also gibt es genau eine Ecke E', die nicht unter diesen Hut fällt. Der Hut mit Spitze E' hat ebenfalls vier Flächen. Nun ist es aber so, daß diese beiden Hüte nur dann richtig zusammenpassen, wenn sie so schön aussehen wie beim Oktaeder. Denn nur dann bilden die vier von E und E' verschiedenen Ecken ein Quadrat.

5. Fall. m = 5, n = 3.

In diesem schwierigsten, aber auch interessantesten Fall ist der Hut, dessen Spitze eine Ecke E ist, noch viel verformbarer als der oben betrachtete Hut.

Indem wir von diesem Hut ausgehen, versuchen wir nun, die Struktur des gesamten Körpers zu erschließen. Wir hängen die 10 Dreiecke an den Hut, die mit ihm eine Kante oder auch nur eine Ecke gemeinsam haben. Und siehe da, der Hut wird starr und sieht unversehens so aus, wie wir es von ihm erwarten können.

Mit den nun schon verbauten 5 + 10 Dreiecken haben wir bereits 11 der 12 Ecken erfaßt. Nur noch eine letzte Ecke, E' genannt, ist übrig. Aber auch diese ist schon unter der Haube. Das soll bedeuten, daß die fünf an E' angrenzenden Flächen nur noch auf eine Weise mit den schon vorhandenen 15 Flächen verklebt werden können. Insgesamt gesehen haben wir also das Ikosaeder konstruiert!

Und damit haben wir auch endlich den Satz von Theaetet bewiesen. Im Grunde ist der Beweis ja nicht sooo schwierig; er ist aber doch ziemlich lang, und gerade im letzten Teil werden auch erhebliche Anforderungen an die Vorstellungskraft gestellt.

*

Vielleicht sind Sie, liebe Leserin, lieber Leser, wieder versöhnt, wenn ich Ihnen verrate, wie Sie sich ein äußerst dekoratives Schmuckstück herstellen können. Als Material dafür brauchen Sie 30 Strohhalme (nach Möglichkeit aus Plastik und so dünn wie möglich) und Bindfaden.

Versuchen Sie (etwa gemäß obigem 5. *Fall*) ein Ikosaeder zu basteln, dessen Kanten die Strohhalme sind. Die Strohhalme werden verbunden, indem man durch sie Bindfäden zieht.

Abgesehen davon, daß das Resultat sehr eindrucksvoll ist, können Sie beim Basteln hautnah nachvollziehen, wie der Körper Schritt für Schritt immer starrer wird, bis ihm am Ende nichts anderes mehr übrigbleibt, als das Ikosaeder (sicherlich der schönste platonische Körper) zu sein.

Literaturverzeichnis

Aus der unübersehbaren Fülle mathematischer (Unterhaltungs-) Literatur seien hier nur wenige Bücher empfohlen, die in unmittelbarem Zusammenhang mit dem behandelten Stoff stehen. An erster Stelle sind selbstverständlich die Bücher von Martin Gardner zu nennen, insbesondere

M. Gardner: Mathemagische Tricks. Friedr. Vieweg & Sohn, Braunschweig/Wiesbaden 1981.

Für alle, die tiefer in die Theorie (und Praxis) von Spielen eindringen wollen, sind die folgenden Bücher ein Muß:

E. R. Berlekamp, J. H. Conway, R. K. Guy: Gewinnen. Strategien für mathematische Spiele. Friedr. Vieweg & Sohn, Braunschweig/Wiesbaden
Band 1: Von der Pike auf. 1985
Band 2: Bäumchen-wechsle-dich. 1986
Band 3: Fallstudien. 1986
Band 4: Solitairspiele. 1985.

Ein wunderschönes Buch (ohne jede Mathematik) über Labyrinthe ist

J. Bord: Irrgärten und Labyrinthe. DuMont Buchverlag, Köln 1976.

Als Zauberbücher haben wir die folgenden Werke zu Rate gezogen:

A. Adrion: Die Kunst zu Zaubern. DuMont Buchverlag, Köln 1978.

F. Stutz: Zaubern. Falken-Verlag, Niedernhausen/Ts. 1979.

Hinter dem Märchen in Kapitel 5 verbirgt sich die „endliche Geometrie"; Interessenten seien verwiesen auf

A. Beutelspacher: Einführung in die endliche Geometrie II, Kap. 9. B. I.-Wissenschaftsverlag, Mannheim/Wien/Zürich 1983.

(Das angegebene Kapitel ist unabhängig von den vorhergehenden zu lesen.)

Schließlich sei jedem, der über Geometrie (Kap. 3, 4, 8, 13, 14) besser Bescheid wissen möchte, der Klassiker

H. S. M. Coxeter: Introduction to Geometry, John Wiley & Sons, Inc., New York/London/Sydney/Toronto, 2nd ed. 1969,

deutschsprachige Ausgabe:

H. S. M. Coxeter: Unvergängliche Geometrie. Birkhäuser-Verlag, Basel 1963

ans Herz gelegt.